The Paradoxical Comma[...]
by Dr. Kent M. Keith

People are illogical, unreasonable, and self-centered.
Love them anyway.

If you do good, people will accuse you of selfish ulterior motives.
Do good anyway.

If you are successful, you will win false friends and true enemies.
Succeed anyway.

The good you do today will be forgotten tomorrow.
Do good anyway.

Honesty and frankness make you vulnerable.
Be honest and frank anyway.

The biggest men and women with the biggest ideas can be shot
down by the smallest men and women with the smallest minds.
Think big anyway.

People favor underdogs but follow only top dogs.
Fight for a few underdogs anyway.

What you spend years building may be destroyed overnight.
Build anyway.

People really need help but may attack you if you do help them.
Help people anyway.

Give the world the best you have and you'll get kicked in the teeth.
Give the world the best you have anyway.

創造力

保險教父兼複製教主
蔡明敏
DATO' EAGLE CHUA

沒有賣過一張保單,
但卻栽培保險界無數頂尖高手

座右銘:講好話,存好心,做好事
殺手鐧:策略、創意、SEED、
　　　　敢革新、不怕被排擠

逆轉力

從傳銷到保險天后

陳筠朱

JESSIE CHEN

5 times COT
20 times MDRT

座右銘：懂得享受這個行業，
才可以走得更長更遠

殺手鐧：急速複製、一日五訪、「三粒」原則

堅持力

美國百萬圓桌的召喚
林致賢
REX LIM

1 time Double MDRT
10 times MDRT

座右銘：不是能不能，而是要不要

殺手鐧：「全人人生」生活化、
化危機為轉機、堅持

持續力

早期海歸派的成功典範

林漢昌
CHRIS LIM

11 times MDRT

座右銘：順勢改變，永續經營
殺手鐧：SEED，「一萬個小時法則」
升級版、與時並進28年

全贏力

從需要到想要行銷術

崔 敬 文

JOSHUA CHOOI

10 times MDRT

座右銘：真正決定人生高度，是你的行動
做事不是盡力而已，而是竭盡全

殺手鐧：概念化、50% vs 200%法則、
迎合Gen-Y全攻略

行動力

用信托開拓新市場達人

盧佳慧
ELSIE LOO

10 times MDRT

座右銘：等所有交通燈轉綠後才開車，
永遠離不開家門；等萬事俱備後
才開始行動，等於等死

殺手鐧：「生意人」思維、提問技巧，
以想法影響結果

戰鬥力

十九歲便做保險的小夥子

陳 志 祥
JAMES TAN

13 times MDRT

座右銘：好勝的性格會強化自己的
戰鬥能力

殺手鐧：敢、三條捷徑、「執生」哲學

你在怕什麼？

CHANGE · PART ②

蔡明敏　著

你在怕什麼？
CHANGE・PART ❷
《做MDRT你不能不知道的十件事3》

目錄 CONTENTS

Chapter 2: 從傳銷到保險天后 Jessie Chen

Chapter 3: 美國百萬圓桌的召喚 Rex Lim

Chapter 4: 早期海歸派的成功典範 Chris Lim

Chapter 5: 從需要到想要行銷術 Joshua Chooi

Chapter 6：用信托開拓新市場達人 Elsie Loo

Chapter 7：十九歲便做保險的小夥子 James Tan

下一次發生疫情，
你只是過關或會獲利？

開始寫書的時候，新冠肺炎還沒開始，寫到一半的時候，情況越來越嚴重，最後政府宣佈行動管制，被逼待在家裏，所以大部分的內容都是在這段期間寫的，也算是有紀念性吧！

從我大學畢業到現在，經歷過四次的經濟和金融危機，分別為1986，1997，2008和這一次的新冠肺炎，很巧的是時間大約都相隔十一年。每一次的危機，我和身邊的人都沒有出現任何的財務危機，不是因為我們把全部錢都放在銀行的定期存款所以安然過關，而是因為我們平時有做理財規劃。這一次的疫情如果讓你陷入財務危機，應該從中獲得一些教訓。如果十一年後再發生危機時，你會再次地面對財務問題或是只是剛剛好過關？或可能手上有很多錢，乘機撿便宜貨，如股票和房地產？

《你在怕什麼Part-1》在2011年出版，那時你在哪裏？可能你已經加入保險界了或也許你還在唸大學。過去的整十年，保險界改變了許多，但是還有很多人在思維上的「毒素」沒有去除掉，每天還是在針對一些無關痛癢的事煩，根本幫不到業績。這種思想被綁架的情況在保險界非常普遍，原因之一是上太多「有背後目的」的課，不懂得消化，導致是非分不清楚。當然時間太多，頭腦胡思亂想也是主因之一。

不要迷信保險明星講的話，一切都是一步一腳印所形成的

保險是終身事業，不是一百米的短跑，我們每天在做的事，累積到最後就決定我們的成就。從我入行的第一天，每次去參加研討會都看到有很多代理在「追星」，這是很可笑的事。就好像你看了很多年李宗偉打羽毛球的比賽，你有成為國家選手嗎？不過看羽毛球賽或看周杰倫演唱會是休閒活動和娛樂，聽保險研討會肯定不是。

很多代理一直在尋找一句有力話術（power phrase），希望講解完畢後客戶馬上簽單。如果有講師這樣在台上講，他一定是「仙家」，希望你出錢上他的課。很多時候真的會看到參加者當場拿卡出來刷。保險行銷是需要培養市場，提升你的能力，而非一句話就可以成功，如果有的話，那也是碰巧。

以前有一位非常有名的保險業講師，從新加坡到泰國，桃李滿天下。我認識一位主管，時常上他的課，連後期講話和走路都跟那位講師很像；但是他有因為這樣就做好業績嗎？答案是最後他離開保險界。很多講師會講一些華而不實的做法，突顯自己有多厲害，台下的聽眾每個「嘩」「嘩」聲，這種是保險界最受歡迎，但是最不實際的講法；聽完之後，你根本做不到講師在做的事情，因為你沒有可以付十萬元保費的準客戶名單，也沒有每個星期繳交三單的本事。MMTS這麼多年來，都是秉持著把保險行銷和管理的每一個步驟簡化，採用簡單、容易、有效及可被複製SEED的方式(simple, easy, effective and duplicable)，讓一般的從業員也能成為頂尖高手。靠個人魅力或背景，不能複製的做法，我們不會教。

Build To Last

從創立MMTS的第一天開始,我們教的都是以馬拉松的跑法在做保險;很多人聽完之後覺得沒什麼神奇,一點「驚喜」都沒有。從過去二十多年的成果來看,業界的頂尖精英很多都是來自MMTS,或者有「偷抄」一些我們的做法,這就是鐵證。曇花一現的從業員太多了,他們的做法不能持久,不能模仿。

從加入保險這行的那一刻開始,你已經把後路斬掉,沒有回頭路;所以不認真,沒有腳踏實地,老老實實的把每一個步驟做好,不然想要做好的話,祖先的墳墓一定要安放好(運氣要好)。

你看完整本書之後,如果沒有得到任何「驚喜」,那是因為我們講老實話,沒有讓你覺得「高不可攀」;所有六位書內主角的一切做法,都是每個人可以模仿,因為我們不想把他們描繪成有三頭六臂。雖然他們背景不同,有兩位海外大學歸來(Rex Lim和Chris Lim),其他四位卻只完成高中教育,但他們的做法有很大的程度上都一致。例如:

1.先做人,後做事

從買水果送給客戶到為客戶找到農曆新年要送禮的烈酒,沒有一樣是做不到的。每次在講課時我都會提到"customers don't care how much you know, they want to know how much you care.";可是這種做法以前我們看英文書和聽老外講課是不會提到的,所以東方人和西方人在處理事情上是有分別的。

2.非常守紀律

　　守紀律這件事只發生在保險界，其他行業沒有守紀律的問題。例如今天你是律師，你不可能睡到自然醒，不可能在辦公室內滑手機，不可能到學校門口等孩子放學，可是這是我們同事的日常生活習慣。追根究底就是這個行業是自由業，沒有「拿人錢財」，所以可以「為所欲為」。我們來這個行業不是來混日子，而是要達致經濟獨立，所以自由行業必須要懂得自律，不然一切都是空談。

3.好，還要更好

　　你可以看到這幾位的學習態度都是想要更好。他們會不斷地來上我的課和其他新鮮內容的課程，無論是主管課程或MDRT課程。他們會不斷地去學別人的話術和技巧，時常會問問題、找方法，和一般普通的主管或代理比較，天淵之別。很多連一次MDRT都沒做過的代理會找很多藉口，「這個題目聽很多了次了」，「我覺得這活動對我沒什麼幫助」，「講來講去不就是要我們努力做」等。這六位就像Steve Jobs說的"stay hungry, stay foolish"。

4.做有錢人的生意

　　這是MMTS的專長，也是我們的核心競爭力。沒有任何在保險大會上的講師敢大聲說他們只做生意人的市場(怕被罵看不起窮人，事實上也是沒有人會教如何進入有錢人市場)。每一次遇到金融風暴或經濟危機時，保險公司的斷保率都會提升，而且會斷的都是保費小的保單。大保單都是比較有錢的人，他們有足夠的儲備金讓自己渡過難

關。另外一個做有錢人市場的好處是他們會不斷地投保，只要服務做得好。所謂的服務不是一般講師的狹隘定義，即幫他們做賠償，做檢討保單內容或解釋嚴重疾病保單的好處之類。我們的服務就像在第一本《你在怕什麼？》內提到的，成為客戶的「黃頁」。(黃頁已經成為歷史古物，現在是google man)。

5.轉介紹

這個跟第一點有關。如果不會做人，不可能會有人介紹客戶給你。古代人是遊牧民族，只懂得開發，一旦土地不肥沃了，就要搬遷到另外一個地方。後來聰明了，就成為農夫，把一片土地管理好，可以世世代代都在一個地方生存。你覺得哪一個比較實際？做超過三年的從業員，大部分的客戶都是來自轉介紹，這樣的做法就不必從天光做到天黑，要「刻苦耐勞」、「埋頭苦幹」、「吃苦當吃補」會嚇跑年輕人加入這個行業。

6.敢開口

我所認識的「厲害」從業員，每一位都是正常人；唯一不一樣的是他們的膽子比較大，敢開口。當年我們在台北想書名，在做腦激盪的時候，突然覺得很多人具備很好的條件，只是少了膽量。這也許是成長的過程中，受到「做人不要過分，要有分寸」、「沒有這樣大的頭，不要戴這樣大的帽」、「計劃書保費放太大，會嚇走客戶」等的影響，所以才有「你在怕什麼」的書名。當然「敢開口」的前提是準客戶對我們的信任度和喜歡度是否到位。只要這兩項因素到位，保費就無所謂。

　　重點是以上的做法可以在保險界長期生存，大風大雨都能挨過，尤其是現在，小保單肯定斷保。因此MMTS能夠在二十多年來不斷培養出業界的精英，也算是對業界的一點貢獻。

全方位財富規劃

　　對很多華人來說，財富的累積階段已經過去了，接下來的工作是如何能夠讓這些辛苦賺回的財富，至少保值或賺取更高的回酬以及能留多幾代。財富規劃是一個新的行業，因為華人有錢也是這三、四十年的事，過去幾百年幾乎都是戰爭，都在逃難。

　　有些很有錢的華人很早就做好財富的傳承規劃，超級富豪大多數都做好傳承規劃，但中上階層（美金一百萬淨資產）的人很多都不知道如何可以讓財富翻倍，所以很多金錢遊戲的玩意就趁虛而入。這種現象可以歸咎於兩個因素；第一是突然有錢，不知道錢可以做什麼安排，第二是我們沒有告訴他們除了保險，還有什麼地方可以把錢鎖起來。

　　很多人有一種叫做zero-sum game的心態，就是如果客戶把錢搬去非保險的戶口，他們就沒有錢買保險了。他們為什麼沒有想那些錢本來就是在銀行，也沒有拿來買保險呀。有些時候我們阻止代理賣某些非保險的商品，最後他們入不敷出，直接轉行做其他的行業。這樣我們又得到什麼好處呢？

　　就像我每次講我們叫孩子不要一直玩電子遊戲，我們以為這樣他們就會溫習功課，最後他們成績也沒很好。其實我們應該引導他們做其他事情（substitute），例如去運動；這樣他就會減少玩遊戲的機會，對健康也有幫助。

華人的投保率已經超過100%，意思就是平均每個人都有保險了，有些沒有錢買或買不到，有些卻買了幾份，要尋找一位沒有買過保險的華人真的很難。過去二十年我們把市場霸佔了，現在的客戶也比較成熟，需要聽一些比較複雜的商品，如果我們觀察新加坡的保險界，不難發現未來的趨勢。新加坡的財務規劃師滿街都是，可是我們的客戶還沒有像那裏那樣會分析，所以時間上還來得及。

單看各保險公司在主辦信托保險講座的次數，大約也會知道這是目前最流行的做法。可是誰能脫穎而出、誰最有說服力、誰的點子最能讓大眾接受，誰就是領導者。

最後，要感謝所有MMTS的夥伴，讓我們在亞洲華人保險界享有高度的知名度。我們的做法絕對不是你的框框思維所能接受，因為我們了解差異化和定位的重要，不想從眾。你不是時常聽台上的講師說，如果我們做一般人在做的事，就成為一般人嗎？

MMTS Consultancy
拿督 **蔡明敏**

一個奇妙的旅程

　　在新冠肺炎達到高峰期的時刻，突然收到蔡總把這本《你在怕什麼Part-2》的新書內文電郵給我，隔天便收到他的短訊：「月尾之前把你的序給我。」，他就是這樣言簡意賅，一句廢話也沒有。

　　那一刻，心中湧出一股暖流，既感動又感激，這四年來的一點一滴，的確百般滋味在心頭。別人說我當年鍥而不捨地三顧蔡總的做法很瘋狂，但現在回想起來，其實他才是個瘋子，因為他勇敢地把自己建立了二十年的品牌無條件交到一個莫名其妙的小夥子手上，實在感恩蔡總當天的無條件信任。而我的所謂瘋狂，其實亦是源於學習到MMTS精神 - 被拒絕五次才算是堅持。相信我這個四年前的故事很多人已經聽過，在此我也不多說了。

　　回想起九年前，蔡總推出的第四本新書《你在怕什麼》時，我只是一位看到津津樂道，對MMTS非常響往的讀者，最近再次重讀，別有一番體悟。

　　想起從前看蔡總的書時，一直希望有機會參加書中的Meeting of Eagles精鷹大會（ME），沒想到前年，自己成為ME54的講師，而書中的六位主角也成為了我的好朋友，在他們身上真切感受到蔡總經常叮囑我們的「做好事、講好話、對人好」。而今次蔡總的新書《你在怕什麼Part-2》，我更能以MMTS亞洲行政總裁的角色寫序言，「從忠

實讀者到MMTS CEO」，說這是一個奇妙的旅程，一點也不為過吧？

當我一邊看這本書的時候，仿佛跟Jessie、Rex、Chris、Elsie、James、Joshua這六位好朋友一起經歷著他們的心路歷程一樣。MMTS經常強調「先做人，後做事」、「聽話照做」，很多人以為是口號，看完後半信半疑、聽點不聽點、做點不做點，最後結果當然是東不成西不就。但當真正接觸過MMTS後，你才會明白，只有把事情做到最極致，才是唯一的出路。

書中Chris提到，保險行銷有很多可行的方法，只是有些事半功倍、有些事倍功半。我上過很多保險界的課程，聽過很多導師都是一本經書說到老，而在這個瞬息萬變的世界，你昨天成功的經驗，極有可能是今天失敗的原因。

《你在怕什麼Part-2》核心思想也是圍繞「SEED － 簡單、容易、有效、可以被複製」，但與十多年前比較，你會發現蔡總不但沒有故步自封、一成不變，相反他更是很準確地抓住了時代的脈搏，「今天的我打倒昨日的我」，勇敢推翻過去自己創造無數傳奇的成功做法，他會指出現今保險界對專業的需求，破舊立新。說蔡總不斷被模仿，卻從未被超越的真正原因，必定是懂得隨著萬變的世界因時制宜，外圓內方，以不變的原則(SEED)去應對萬變的世界，如果你現在才看蔡總的第一本書，再看這本書，也會驚嘆他的前瞻性和步伐。

我相信在看這本書的你必定是和六位主角當年一樣，希望自己的保險事業更上一層樓，我奉勸大家試試把手中的那杯水倒掉，抱著空杯心態去學習，相比起帶著批判的眼光去找錯處和突顯自己的「獨特」眼光，採用簡單的「聽話照做」方式更能幫助你達到和書中六位MDRT

Life Member的高度。

我很喜歡James在書中的一段話：「你不做MDRT，你做保險幹嘛？你要做MDRT，你敢嗎？」，這個行業很簡單，要麼接受別人的掌聲，要麼為別人鼓掌，在看書的你又準備好接受掌聲了嗎？

有一句話說：「當學生準備好，老師便會出現。」

其實，老師一直都在，一個二十年來已經不斷被證實能達到成功複製MDRT的系統SEED一直都存在，所以正如書中Rex所說，要成為MDRT，不是能不能，而是要不要，方法、系統、心態、技巧都在這裏了。

讀者們，我相信你們是想要成功的老鷹，最後送給你一句話：

「看完不動，你永遠是個讀者，想的都是問題，但讀完這本書再做，才是答案。」

祝願大家擁有奇妙的事業旅程！

MMTS亞洲 行政總裁

蔡總第一號粉絲

Sunny Ng 伍顯繪

馬來西亞保險界的教父

我是在1992年被邀請到馬來西亞演講時認識蔡總的。他那時只是在銷售保險雜誌和舉辦演講會,沒有想到後來當上顧問,還帶領了一批主管和代理登上業界的高峰,成為馬來西亞保險界名副其實的教父。

當時我還在台灣的國泰人保當業務主管,他那時還時常帶人到台灣考察保險業的作業模式,其中包括國泰人保的早會和業績PK的運作;這些做法也就成為後來他成立MMTS顧問所提供的獨特模式,奠定了他在馬來西亞業界的地位。

現在我每年還會到馬來西亞演講,順便和老朋友敘舊;都是由蔡總親自安排,從接機到安排飯局,一切招呼周到,完全沒有出國的感覺。馬來西亞的朋友非常友善和真誠,這是非常難得的。

書內的六位主角都是我每次演講的「常客」,跟他們非常熟絡,很多位都是從加入這行一開始我就認識,看見他們從一無所有到擁有幾棟房子,見證了這一行要跟對人和做對事的道理。書內所寫的點點滴滴都是過去他們多年的經歷和美好回憶,提供給新加入這行的夥伴,讓他們看到保險業所帶給大家的蛻變。

我也是和他們一樣,因為這個行業,讓我的生活多姿多彩。一位沒有大學文憑的我能夠有機會站在台上跟幾千人演講,這是其他事業所不能提供的。如果你問下一世會不會還要吃保險飯,我的答案是肯定

的。如果不是這一行，我現在應該每天在家打太極和觀看電視連續劇，不可能還會到中國大陸、香港、新加坡、印尼和馬來西亞演講。

書的內容就是一貫蔡總的作風，沒有隱瞞，句句都是描寫他們每天在做的事情。如果看完書之後你覺得他們很普通，沒有寫一大堆深奧的理論，高深莫測的話術，那你的結論就是正確的。很多華而不實的演講和書籍，聽和看完之後你會自問是不是入錯行了，因為根本做不到講師和作者在做的事情。

蔡總最厲害的地方就是把客戶聽不懂的保險，用簡單、容易、有效及可被複製的方式，呈現給客戶，讓他們明白到底在買什麼。講透徹一點，我們其實不是在賣保險，我們是在賣自己。每天在分析保單的從業員一定是受到誤導，因為那不是客戶投保的主要因素。

希望這本書能帶給保險業另一種新的思維，從而創造出更亮麗的業績。

國際保險業資深講師
及暢銷書作者
莊秀鳳

你在怕什麼？

CHANGE · PART ②

保險教父兼複製教主

DATO EAGLE CHUA

CHAPTER
01

- 保險從業員爭相拜師的頭號導師。
- 沒有賣過一份保單,卻調教出數千位超級保險顧問及主管。
- MMTS(Make Money Training System)顧問公司創辦人兼首席顧問。
- 五本保險行銷暢銷書作者。
- Pisteuo Advisory聯合創辦人,鼓勵利用信託搭配人壽保險。
- 這個創意的點子給很多主管和代理開拓一個全新的藍海市場。

Make Money,
Be Happy

不要當個「神經病」

　　保險界裏有許多人倡導「使命」為先，「賺錢」為次的觀念，許多保險從業員嚴重被洗腦。有人認為這種論調比較主流，但是在我的眼裏更像是「邪教」。此話怎講？

　　「使命」為先，「賺錢」為次，意思就是賺錢不賺錢不重要，完成使命最重要，這豈非顛覆了做生意的本質嗎？經營不賺錢的生意，那是神經病！

　　從事保險就是在經營一門生意(life insurance business)，如果生意沒有賺錢，那要如何經營下去？如果沒有錢，什麼都不用說了，還說什麼使命呢？最終離開保險界，產生很多孤兒保單。

　　我見過許多強調「使命」的保險從業員，當我深入跟他們聊之後，我發現其實在他們當中有很多人把「使命」當作是一種「包裝」，用作掩飾自己業績的不足。

　　「你不是MDRT哦？」
　　「今年沒有看到你領獎呀。」
　　「你一年的業績也只不過這麼一點點啊？」

當這些鋒利的言詞毫不客氣地往你臉上砸的時候,你還是舉著「使命」的旗幟作為你的擋箭牌,如果你還好意思回答對方「沒有啦,我做這一行是履行我的使命,名利於我不過浮雲」,那麼,保險界真的不適合你。

保險界是個殺戮戰場,一大群代理追著客戶跑,為的只是當MDRT、年尾上台領獎、出國旅遊,而最重要的,是賺錢。如果說這些有目標又積極的代理是「豺狼」,那麼,視名利如浮雲、視錢財如糞土、只要完成「使命」的代理則是「綿羊」,當豺狼出動,別說是目標客戶,就連身邊的「綿羊」也不會放過的。不為錢,你又何必入局呢?

談「使命」是很高尚的,在某程度上,它能完善你的推銷說辭,但是,它不應該是一個目的。用「使命」做包裝不是不可以,等到時機成熟,在你賺到錢的前提下做「使命」要比其他任何情況說「使命」來得矜貴。

你有沒有問過自己,當初是為什麼加入保險界的?當初做保險不就是為了賺更多的錢改變生活狀況嗎?為什麼到後來卻變成了使命呢?

入錯行

有一次,增員面談一位在信托基金業十五年的高級經理,在聊天當中也順便了解他的行業特徵,也比較一下跟我們行業的差別。

我非常好奇為什麼他會在一個行業那麼多年,聊了一會後,我一針見血地跟他說他是被兩個字所害 - 專業。

他在大學時選修會計系，雖然曾經被大眾信托終止合約（他說是被冤枉），但還是決定留在信托業，因為覺得比較專業（自己卻買很多保險）。

他說還有一個原因是看到身邊的一些保險代理，每天披頭散髮，很忙但卻不是很有錢。

他的行業的特徵有：

1. 行情好，股票漲的時候，客戶會應酬，但是買了之後，價錢跌，就臉黑黑給他們看。他說過去四年，我國的股價慘不忍睹，所以他的業績不好。他從事這行十五年，只有四年的輝煌時期。

2. 代理的人數也隨著市場起伏不定。行情好的時候，比較容易賣，代理比較多。行情不好，他們又另找出路。他說今年的收入跌一半，因為很多代理都改行做其他行業。（他也是在找出路，所以才願意見面）。

3. 公積金實行會員可以直接通過i-invest購買基金，這個措施讓會員省下一筆中間人的費用，這樣買的最高手續費是0.5%，中間人是3%。

4. 當然還有一個找出路的理由是有兩個孩子要進大學，錢不夠用（華人一定要在沒有選擇的情況下，才願意接受改變）。

5. 他閱讀過我的兩本書，可是他說無法抄，因為沒有那麼多錢來發展組織。

看完之後，你是否覺得你很幸運，還能在這個行業生存？這是一個

典型像諾基亞執行長所說的例子,「我們沒有做錯任何事,但是還是失敗了」。

這是一個不斷在改變的社會,保險界也不例外,從現行的一些措施,就知道專業化的路線是無可避免,也是唯一的生存之道,還好我們還有時間準備。

馬雲說很多生意被淘汰,因為老闆「看不見、看不起、看不懂、來不及」。甚至有人說「計劃總是趕不上變化」;以前的改變速度沒那麼快,現在流行「破壞性行銷策略」,一不小心就被取代;沒有做錯事不一定就能成功。

努力很重要,但「入對行、跟對人和做對事」更重要,不然就只好「瀟灑走一回」。

不忘初心

從事信托基金業十五年的高級經理,在行業裏不知該何去何從,部分原因來自外在的宏觀因素,比如一些新政策的實施是他無法掌控的,只能夠接受和適應。但是,本身的內在條件是可以調整的,並不是等到代理合約被終止才來另謀出路。

「不忘初心」這四個字很多人喜歡當口頭禪來說,問題是,沒有幾個人真正能夠做到時時刻刻都記得自己「為何當初」,所以,路才會越走越偏,直到迷失自我。一個人若是要等到迷失了自我才開始回想,那是很可悲的,因為在你迷失的時候,這個世界還在轉,而且越轉越快,只怕等你回過神來的時候,已經被時代的洪流淹沒了。

在科技發展光速的時代，許多金融服務如保險、信託、借貸等等正逐漸被人工智能取代，原地踏步將會被時代淘汰。現在事情發展得如此之快，人們常常在沒有意識的情況下就被替換了，所以，乘搭上時代的列車只能打破裹足不前的困境，但那並不足夠，因為只有未雨綢繆、深思遠慮才能追上時代的腳步，讓自己立於不敗之地。真正做到不忘初心的少不了規劃，而所謂規劃，即先人一步。

在保險界，無論是「老馬」還是「菜鳥」，選擇適合的營銷平台和戰略是關鍵要素，要懂得善用資源、時刻提升自己、向成功的人學習他們的方式、複製他們的成功。不是說自創一套方法不好，但是若有現成的放在那裏給你抄，你大可把省下的時間和心血拿去拼業績賺錢更好。

比如MMTS為減少繁瑣手續而設計的SEED（simple, easy, effective, duplicable）法則就是一個例子，即使是菜鳥，只要樂於學習、追循資深顧問的成功軌跡，自然也能輕易掌握竅門，創造屬於自己的輝煌。

你知道你要什麼嗎？

很多人說當年還好有聽我的話，才少走很多冤枉路。雖然他們的業績不能在公司排第一，但收入卻多過很多業績更好的人。

這是很多MMTS以外的人不會明白的事，因為理論上，業績好，收入就好；但是保險界的收入還要看是否有發展組織或只是做個人銷售，而且還要看你賣什麼險種，賣繳費幾年的保單。

MMTS裏有賺很多錢但沒存到錢的人，也有賺不是很多但生活不錯的人。

　　有人做了很多屆的MDRT但是沒錢，這是不合邏輯的；但這的確發生在MMTS裏。仔細的分析後才發現原來整家人（父母、兄弟姐妹，甚至侄兒，侄女都靠他）的生活費都靠他一個人在支撐。

　　不了解內情人會解釋說在MMTS裏，你可能賺比較多錢，但開銷也很大，所以沒存到錢是正常的事。

　　話要講回來，為什麼整家人的費用要一個人來負責？幫人和做善事當然是好事，但變成「爛好人」，自己卻過得很窮就不對了。

　　十年前，有一位主管聘請MMTS擔任顧問的時候，組織業績三十萬，大約六年後，業績達到三百萬。剛好在那個時候，她很大膽地跟我一起投資房地產，後來她把一些賺錢的房地產賣掉，現在五十歲就退休了。

　　類似這種白手起家，加入保險界之後發達的故事還有很多，這些人都很清楚他們加入這個行業要得到什麼，應該做些什麼，付出什麼。

　　如果有注意媒體，一定會看到很多爭議性的課題，大家都有自己的看法，然後開始瘋傳，最終是越辯越明或是越亂？保險界也是有很多爭議性的做法，各有各的措辭，但最終最重要的是誰因為加入這個行業，改變了他及身邊人的生活。

　　我時常在喝茶聊天時都會很用心的聽對方講話，因為我要聽他們沒講的話（不是聽在講的話，因為已經經過修飾或有自己的主見在內），然後如果對方是可以接受建議的話，就講一兩句，如果知道對方是不會聽建議，就笑笑說「現代的人都是這樣啦」。

　　我做事情是「以終為始」，即知道終點才開始，如果終點不是我要的或做不到，就不必浪費時間。

我們要清楚自己要的結果，不要被一些無聊的爭執而迷失方向；例如不要為了某位組經理沒跟你點頭問好或早會沒有氣氛，而使你心情不好，影響業績。如果那位組經理能夠培養三位MDRT，為什麼沒去想他是如何做到的，而去在乎你跟他打招呼，他沒有睬你？這是一件真實發生過的事情，我聽了之後無言。

感恩是「毒」

有別於一般企業的等級制，在保險界有一個不成文的慣例，上線就是師父，所以很多人秉持一日為師終身為師的觀念，覺得最好能一直追隨自己的師父，不要離隊。感恩是好，但若是為了感恩而固步自封、毀了自己的前程，那就是不理智了。

不想要離開師父，是因為形態上像是背叛，所以即便是業績不好，也還是死守著。為什麼呢？保險界又不是做慈善，你的主管之所以給你提供指導是為了組織利益（overriding commission），說到底也不過是一種利益關係而已。如果在他的領導下還是無法做出好業績，那麼，你蟬過別枝，自保、自救又有什麼問題呢？

我認識某傳銷公司的代理，感恩文化比保險界更嚴重。二、三十年，每個星期的晚會不斷感恩上司，害到自己要往別公司也「動彈不得」，不然會被上司和組員套上「叛徒」之名。每個月賺三、五千元，家裏省吃省用，車子也開了十多年沒換，但是卻不斷自我催眠說「人因有夢想而偉大」。每次都掛在嘴邊公司很大，有多少架飛機運載他們自己的貨物到世界各地，可是自己卻開一部爛車。

事實上，在保險界，我看過許多實際例子，從一家換到另一家做得

更大、更好的比比皆是。所以,別總是一股死腦筋,每天在服毒還以為是在進補,最終讓自己死在慢性毒藥之中而不自知。

感恩應該是出自一個人的內心,而不是上司在台上講做人要懂得感恩。這種「要求」組員感恩的上司是「利用」感恩來防止組員跳槽,怕自己利益受影響。醒醒吧!

道德綁架

只有工作沒有玩樂會使一個人無趣,扼殺探索與精益求精的潛能以及阻礙革新和發明。

所謂的「道德綁架」就是用聖人或超人的標準要求普通人(其實不是聖人的標準,應該說用超乎人類和說話的人自己的標準,去要求別人做在他的眼中是不道德的行為)。道德綁架主要是源自群體思想覺悟低,資源分配不均勻所產生的不平衡心理。

中國搜狐網曾經進行對著名演員「范冰冰拒絕扶貧該不該遭到炮轟?」調查顯示,有24,954名網友投票贊成正方「應該炮轟」,同意反方「不應該炮轟」的才3,804人。她有錢,要不要扶貧是她的權力,為什麼有那麼多「仇富」的人?

有些保險組織不允許代理裝假睫毛(因為主管覺得只有「做雞」才需要),或是一定要穿長袖的衣服,不然有損組織的名聲。類似這種被道德綁架的例子比比皆是,因為華人喜歡用自己的標準去衡量他人。

每次有小孩子在餐廳玩耍(沒有乖乖坐在椅子),媽媽罵孩子的臉部表情和聲音,好像要把孩子變成聖人似的。這些孩子長大之後,多數成為「草莓族」,抗壓性低,不堪一擊(媽媽理想的乖孩子)。

馬雲曾經在貴州「人工智能」高峰對話上說道：「如果我們繼續用以前的教學方法，對我們的孩子進行記、背、算這些東西，強迫他們去背，不讓孩子去體驗，不讓他們去學會琴棋書畫，馬雲保證三十年後孩子們找不到工作，因為他們沒有辦法競爭過機器人。」

2007年，美國北卡羅萊納大學的一項研究發現，幼兒時期玩得比較足夠的孩子，到了5歲，他們的智力要比對照組的孩子高出許多。從1980年代以來，許多研究都發現，有較多機會自由玩耍比沒有機會自由玩耍的孩子，在問題解決能力上更優秀。

心理學家做過一個有趣的研究，他觀察未成年的猴子在籠內相互嬉戲作樂，你追我逐。於是，他把一部分小猴子放到別的籠中，不讓牠們有機會耍樂。這些失去玩耍機會的猴子，長大後變得十分呆木，有些甚至失去求偶及生小猴子的本能。由此可見，會不會玩，有沒有機會玩對一個人的影響有多大。

在保險界，時常把「這個人這樣做是不對的」掛在嘴邊，自己也被道德綁架的人，業績都差強人意，因為很多機會都給了別人。

敢講、敢要求的人每次都會脫穎而出，業績領先。業界的幾位TOT和COT，他們一開口，保費就是十萬，甚至有時三十萬。你可以用「殘忍」來形容他們的行為，但是每年公司的頒獎晚宴，他們在台上拿獎，你卻在台下做專業的鼓掌者。

固步自封

在東馬遇見兩位90後不開心的人，都是因為家人要他們回來繼承家族生意。

　　沒有「喝過洋水」，有一點錢和沒有聽我講課的華人，真的很可悲。過去五千年的文化根深蒂固，跟他們解釋也是白費。

　　「有一點錢」是問題的根源，因為以為自己很屬害（不然哪裏會有錢），不能接受新一代的看法。超級有錢的人反而比較沒有問題，因為他們的見識比較廣，有時常到國外考察和跟國際大機構的高級職員來往，頭腦比較開通。

　　典型「有一點錢」的人就是省吃省用，存到一點錢，可能在三十年前便宜買了五十英畝的橡膠園，現在發展成為商業區，身價千萬。

　　這些人最不放心的事就是怕孩子給人騙（錢還沒在孩子手上，怎麼會被騙？），所以孩子的一舉一動都要管；其中一位的女朋友來自中國，父母反對交往，因為說她會騙他們的錢（stereotype）。（中國女朋友家人更有錢也不一定！）

　　華倫巴菲特今年九十歲，沒有一個孩子要繼承他的事業（對股票完全沒有興趣），反而把大部分財產捐做慈善，給錢孩子做他們自己有興趣的事。

　　華人過去五千年經歷過許多苦難和窮困，所以有錢後對如何傳承完全沒有頭緒，只好看上一代的做法。可是上一代孩子多，受教育低，社會改變慢（現在兩年就換一次手機），生意種類也不會五花八門（肯定沒有Lazada和Grab），所以傳承大多數做回上一代的老本行。

　　如果把孩子送去外國讀書，回國後要他接手家族的收爛鐵生意或看管油棕園，對孩子來說是一種「虐待」，因為視野不一樣，看東西的角度也不一樣。也許對上一代來說，這些生意很好做，可是新一代覺得賺錢太慢。（老一輩會說年輕人還不會走，就想飛！）

我和老外一樣，覺得下一代一定強過我們，所以用我們有限的知識和經驗去管下一代，一定會不歡而散。最近我女兒剛找到工作，我問她工作需要負責什麼事項，聽她講完之後，我也只是半懂半不懂。

　　不要「有一點錢」就以為自己「天地唯我獨尊」。你會有錢過李嘉誠？你會厲害過 Elon Musk？眼光不要那麼狹隘，多給空間讓年輕人去發揮，給他們犯錯，保險只是生活的一部分，不是全部。

教育惹的禍

　　教育「沒有受過教育的人」永遠比重新教育「被教育錯的人」容易。

　　在馬來西亞，你可以很輕易的知道那一種人會怎麼想事情。我在十二年前把準客戶分成UTC和BTC（福建話解釋為「有讀書」和「沒讀書」），鼓勵當時大家都不會去做（但很有錢）的BTC市場。因為我們的這個領悟，讓很多人賺了人生的第一桶金。

　　受過高等教育(Diploma或Degree)的人想東西和沒受過高等教育的人有明顯的差別，所以做決定的時候也不一樣。書讀多或少不是問題，但是因為教育高低影響所做的決定，最終這些決定就影響了一個人的一生。

　　例如來聽我講課的人，很容易就可以看出是否有受過高等教育。受高等教育的人會很認真的聽（其實不是認真聽，而是分析到底我的話是否太主觀）。如果只是讀到高中的人，就喜歡聽笑話，其他完全忘記。

　　有一位大學畢業生，我一直看好他，覺得他可以做好，但是就是表現很普通。再仔細的了解之後，發現原來是讀書惹的禍。

　　他在社團很活躍（我們教要認識有錢人，社團是一個不錯的地方），

但是除非社團的人開口問他關於保險的事,他絕對不會開口問他們。問他為什麼不問他們是否有買保險,他說是原則。

另外一位也是看起來可以做好,但就是做不好的代理(我以為只有高中畢業)。最近聽說有一位親戚給其他代理簽了一張幾萬元保費的單,心理不平衡。追問他為什麼之前沒叫親戚簽單,他說以為他們有錢不會買保險(難道保險是賣給窮人?)。後來我才發現原來這位代理也是大學畢業生。

我時常說如果馬來西亞有讀書的人敢敢出來創業,很多沒讀書的生意人就沒好日子過。很多我們看到的成功例子,聽完他們的分享,只有一個結論–沒有心理障礙,沒有想多多,逢人就講,講必促成。

可能讀書的人比較有同理心,會處處為人著想,所以不會不管三七二十一,要講什麼就講什麼,也因為這樣的方式,符合民情,所以保險就被這些BTC代理簽了。

也許有一天,客戶都有讀書了,那時可能這種「亂射」招就用不著了;不過現在他還是管用的。

有一位代理想邀請他的大學朋友(在另外一家做保險)來聽我的「事業講座會」,知道我是講師之後,決定不來;因為他說我只是講錢,沒有愛心。我問這位代理那個人現在做得好嗎,他說有兼職在做房地產。

保險界的潮流

從事保險,需要在能力、認知和學識方面不斷提升,但不是叫你去考什麼文憑,而是緊貼行業的潮流,準備好你的膽量去衝。這些,往往是保險從業員所欠缺的。

1. 認清事實

要怎樣做才能賺錢?市場是否是對的?市場走的是什麼趨勢?再過五年或十年之後會否越做越容易?如果越來越難,是不是因為沒有跟上潮流?

華人還沒有買過保險的人很少,而現在的普及率近乎100%。另外,找沒錢的人買第二或第三單是不可能成交的,只有有錢人才會繼續投保。記得,有錢人不需要買保險,窮人才需要買保險,但是窮人沒錢,所以會陷入一個無限循環的矛盾。所以要賺錢的話,就要找有錢人。

2. 窮人買「需要」,有錢人買「想要」

真正懂得保險的人不多,但是想要賺更多錢的人倒是很多。所以,用HWMS(Holistic Wealth Management Solution)全方位財富管理方案來為保險從業員重新定位,成為企業家,對需要(need)和想要(want)進行再教育。今天會買法拉利跑車的人,他有「需要」買這部車子嗎?他家裏已經有好幾部寶馬和賓士跑車了。事實是他「想要」買,因為錢多。還停留在賣「需要」的從業員,就好像買國產車一樣,因為買車的人「需要」買一部車子,但是錢不是很多。「想要」買跑車的人是不看價錢的。

3. 潮流

有錢人越來越有錢,窮人越來越窮是經濟學不變的理論。這次的肺炎疫情打擊最大的是中下層的打工一族,根據報導會有兩百萬

人失業。財富規劃肯定是保險界接下來的潮流，因為保險公司業績下滑，從業員業績差強人意，往中上層市場邁進才會有生意做。但是要打進這個市場所以需要亮點，你有頭緒嗎？「天有不測之風雲，人有旦夕禍福」這種話術是派不上用場。你要的是 HWMS。

4. 文憑不能保證會成功

UTC（有讀書的人）賺不到錢，BTC（沒讀書的人）賺到錢，全憑一個「敢」字。要明白人脈的重要性，一等榮譽學位畢業的人和成績普普通通但是有參加商會的人，當然是後者機會比較多，成功率也比較高。敢越級挑戰不叫躋身上流社會，而是躋身於「機會」。

我把保險從業員分為三種：

1. 企業家（The Entrepreneur）＝賣的是想要（want），那是無限的。
2. 專業人士（The Professional）＝賣的是需要（need），但是一個人的需求是很有限的。
3. 社工（The Social Worker）＝履行「使命」的人。

你現在是哪一種？你想要成為哪一種？決定權在你手上。

要成為「保險企業家」，必須洞悉市場的痛點，激起客戶的想要（want）。隨著社會變得更加富裕，傳統的保險商品可以滿足富裕人士 HNWI（High net worth individual）的需要（need），但是他們的想要（want）往往被忽略。

富裕人士最害怕什麼?對!富不過三代。財產規劃如遺囑、信託就能滿足他們的慾望。忽略這一點,也將錯失許多大時代造就的機會。

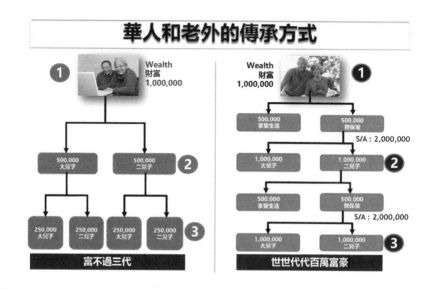

為此,我聯合創辦了一個提供信託服務的營銷平台Pisteuo Advisory Sdn Bhd,大家所熟悉的「兩座水庫」理論已經全面升級(請參考第一本書),讓現今市場上最高經濟效益的金融商品騰空面世。俗語說的富不過三代是許多富裕人士最擔心的事,所以了解富裕人士所需所憂,我們在保障的基礎上加上保值,又在保值的範圍裏無限升值。

如果說兩座水庫理論是在無損失的情況下把一座水庫裏的水調到另一座水庫,那麼,升級版的水庫理論則是在完全不動本金的前提下創造更大的價值。第一座水庫在保本保值的情況下,把回酬調動建

按2002年6月20日匯率,1元馬來西亞令吉(Ringgit / MYR)可兌換成約1.8港幣 (Hong Kong Dollar / HKD)。

造帶來五十倍保障的第二座水庫,為委托人創造更多財富和更大價值。

富裕人士為什麼如此看重自己的財產?多少才算多?萬一天有不測,財產規劃和分配沒有處理好,那該怎麼辦?到底是賺錢存錢讓自己享受重要,還是盡量多留一些錢給後代更為重要?

我只有一句話,「存一百萬很難,留一百萬很容易」。

對!以一個簡單的計算方法,一個人若工作二十年,每年必須儲蓄五萬才能存達一百萬。嘗試問問身邊的朋友們,有多少位能夠每年儲蓄五萬呢?事實上,年收入不足五萬的也大有人在。存錢是美德,但是,在這個時代並不是致富的管道,而且,存錢的原因到底是什麼?既然如此,為何不選擇更直接的方式,投保一百萬人保保險,為後代留下一筆理想的數額呢?

MDRT還是保險界的「金馬獎」嗎?

由於佣金算法的改變,對保險從業員的入息帶來很大的衝擊,以前,業績好就會賺到錢,但是現在不一樣了。甚至是被視為保險界「金馬獎」的MDRT合格資格也不例外,而且,世界各地的算法都不一樣。

美國百萬圓桌當局設定三種合格標準:

1. 首年度佣金(FYC / First Year Commission)
2. 首年保費(FYP / First Year Premium)
3. 總收入(Total Income)

香港的算法是用首年度佣金（FYC/First Year Commission）。

馬來西亞大多數算法用首年保費（FYP/First Year Premium）來計算；但是這種算法不能準確的算出代理的收入，以前全部都是35%佣金，現在有很多保單是低於10%。

近年來，越來越多人可以得到「金馬獎」，但是它所承載的價值反而低了。而且，一位「金馬獎影帝」若是窮哈哈，好像也說不過去。根據趨勢推演，MMTS當仁不讓，領先行業，率先推出「飛鷹獎」Flying Eagle Award以獎勵精英之中的精英，重塑保險界精英的標準。

因為競爭的關係，很多公司的MDRT要求很低，只要有FYP就可以，沒有看收入，所以市面上有很多沒錢的MDRT合格者。為了鼓勵大家「向錢看」，MMTS從今年開始設立一個新的「飛鷹獎」，以收入為標準，而且是有請MMTS擔任顧問的組織才有資格申請。

只要是年收入超過馬幣十五萬，其中最少五萬必須來自壽險，包括首年佣金及續佣，不含組織利益（O/R），以及最少五萬來自信託或其他金融商品。

如果一位代理的壽險收入是九萬，其他六萬來自信託，這樣就是合格者。如果只有四萬是來自壽險收入，其他十一萬是信託，這樣就不合格了；或壽險收入十三萬，信託兩萬，這樣也是不合格。

每位合格者可以獲得由Pisteuo頒發的馬幣三千元獎金。我們也會在明年的MMTS Experience大會上頒發徽章給合格者。

培養一位「飛鷹獎」直屬主管（區經理或組經理）也可獲得由MMTS頒發的馬幣三千元的獎金。

這是我們擁有的競爭優勢，因為我們做的是全方位行銷概念，靠

的不是單一收入,而是多元化的收入。只有可觀的收入才能留住人才。在這個行業沒有賺到錢是不道德的。

不必懷疑多元化收入的好處,因為保險公司也是鼓勵你多賣幾樣商品,例如雜險和PRS,寫遺囑等非主流的保險商品。我不反對售賣以上的商品,只是賣多的話,必須先賣掉目前你開著的車子,因為很快你的收入就不夠供車期了。

再窮不能窮教育

我讀本地大學的學費每年兩千(四十年前),印象中好像父親每個月給我五百元,算算一下,四年的大學用了三萬二。

我兩個小孩,一個溫哥華畢業,一個還在倫敦讀大學最後一年,兩個的學費加生活費,大約用了兩百萬。如果以二十年的時間來儲蓄,一年大約要存十萬。

全世界的華人都有一個共同點,就是孩子一定要接受好的教育,越多越好,所以大家都省吃省用,希望有錢能讓孩子完成學業。

時常有人問我關於孩子讀書的事,我的答案都一樣:小學讀華小,中學讀國際學校(如果經濟不許可就讀私立學校,大學到國外深造(不然就讀雙聯,至少一年在國外)。

馬來西亞的這種教育模式,我覺得是完美的安排。小時候接受儒家思想熏陶,了解一些中華文化的精髓,被很多的功課磨練,了解什麼叫辛苦。(有些家長怕孩子辛苦,不給他們讀華小,錯失了磨練的機會)。

中學讀國際學校的好處是每班的學生人數少,老師可以因材施教,程度好的學生教的速度比較快,比較慢的學生就給他們額外時間

補課。除此之外，教學的方式也比較開放，學生討論功課，做projects，用powerpoint做功課講解，出來社會工作，駕輕就熟，討論工作時，靈活度也高。

其實讀書的最大問題是學費。如果要求不高的話，就讀本地大學就可以省很多。以前我認識的朋友裏，有些是家長賣掉橡膠園給他們出國讀書。但是現在有橡膠園可以賣的人應該不多了。

儲蓄是唯一能夠讓孩子以後有錢讀書的方法。可是目前銀行利息非常低，不是一項很好的方法。投資當然是最理想，但是風險也相對的高，萬一失策，連本金都消失。

「教育信託」，一種比較伸縮性的存錢方式，而且回酬也比銀行高（5%‐7%），已成為市場上最受歡迎的教育費儲蓄方式。

儲蓄是一種良好的習慣，有錢的話就存多一點，沒錢就只好想方法多賺一點錢。馬來諺語「sedikit sedikit lama lama menjadi bukit」，積少成多。孩子小的話，時間夠長，肯定可以完成儲蓄的目標。

要在業績上有所突破，就要用對方法去行銷，不妨借用「教育信託」的名堂，多拜訪客戶，了解他們的需求，順便把銀行的錢轉過來，我們賺佣金，他們存到教育費，皆大歡喜。

UBB推出的UBB EduTrust每3年更新一次，不像以前的教育基金那樣要等到20年才可以拿錢，遇到已經五歲的孩子，20年後孩子都已經大學畢業了，那筆到手的教育基金也已經無用武之地了。每3年更新更具彈性，成交的門檻也相對降低了。

不僅如此，保險公司需要保險利益（Insurable Interest），在UBB是不需要的，所以，除了父母親以外，無論是公公、婆婆、叔叔、阿姨，甚

至是不認識的陌生人都可以給孩子們買教育信托。

除了孩子們的教育信托以外,現金信托(Cash Trust) 是一個正在等待開墾的龐大市場,而開拓市場的最佳時機則剛剛開始。

就信托市場而言,真正提供現金信托的公司只有一間,其他信托公司無法做到,主要原因是缺乏制度和競爭力以及沒有專才,所以無法提供好的商品和經營策略。

儘管馬來西亞的信托服務開始蓬勃發展,但相較於發展成熟的市場如美國、英國、香港和新加坡,它仍然處於初發狀態。因此,重要的是要將複雜的事情概念化、簡單化,並通過簡單易懂的結構化商品和設計對大眾進行教育和推廣。

洞悉市場需求已從基本商品變為複雜的商品,例如納入遺囑和信托服務。而作為市場先驅的MMTS,強調信托是財務規劃過程中非常重要的一部分;而且與其他金融服務商品並無抵觸,所以,它是補充和滿足金融服務需求的一個選項,並不是替代品。

信托非信托基金。這幾年因為股票市場表現欠佳,很多投資信托基金的人都虧錢,也讓很多信托基金代理不敢接客戶打來的電話,有些甚至改電話號碼,以免被客戶騷擾。現金信托是信托人委托信托公司管理這一筆錢財,而且要求信托公司提供5%至7%的回酬,為期三年。

市面上的金融商品不是回報低便是高風險,現金信托取各家所長、精準拿捏市場的需求。除了財產不會被凍結的優勢之外,信托公司在1949信托法令管制下,任何的投資或貸款必須獲得同等值的抵押,因此設立現金信托是非常有保障的。

從了解客戶心理因素的角度來看,多數客戶是不排斥投保人壽保

險,只是討厭每年要付保費,而且至少五年,甚至長的話要付二十年。

　　最近有很多新加坡的銀行理專過來馬來西亞賣保險給高資產人士,他們的做法非常有創意,因為客戶只需付20%的保費,其他80%由銀行代墊;客戶只需每年付少許的利息(低至2%)。如果躉繳保費為美金一百萬元,貸款數額為八十萬,每年只需繳交美金一萬六千的利息,就可以獲得高達美金三百萬的保障。80%的貸款也不需攤還,只需在死亡理賠時才扣除。之前我們的高端客戶,當遇到這樣的競爭對手時,真的束手無策。(請參考下圖)

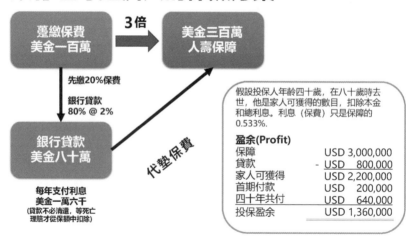

銀行理專經濟人壽保險方案

躉繳保費美金一百萬 → **3倍** → **美金三百萬人壽保障**

先繳20%保費
銀行貸款 80% @ 2%

銀行貸款美金八十萬

代墊保費

每年支付利息美金一萬六千
(貸款不必清還,等死亡理賠才從保額中扣除)

假設投保人年齡四十歲,在八十歲時去世,他是家人可獲得的數目,扣除本金和總利息。利息(保費)只是保障的0.533%.

盈余(Profit)

保障	USD 3,000,000
貸款	- USD 800,000
家人可獲得	USD 2,200,000
首期付款	USD 200,000
四十年共付	USD 640,000
投保盈余	USD 1,360,000

面對這外來的壓力,我想到了一個破解的方法,就是採用現金信託的利息來買保險;解決客戶對每年付保費的抗拒,發揮人壽保險+信託的威力。(**請參考Rex Lim的創造財富方案。第88頁**)

這種做法配合目前賣大保障的趨勢,也讓很多代理起死回生,找到一條出路,也創造了新一批的專業財富規劃師。這種前所未有的做法,奠定了保險界未來的趨勢,就如二十年前我鼓勵大家採用人壽保險當儲蓄的做法,這個新的概念必定能再次叱咤風雲。

MMTS Way

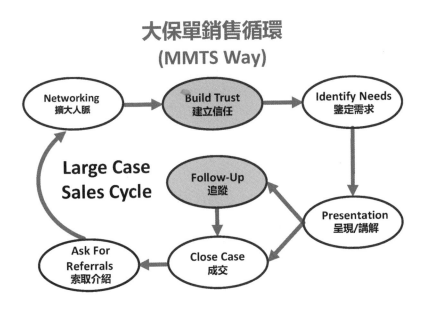

大保單銷售循環
(MMTS Way)

小保單銷售循環

找到了好的商品，接下來就是要找對的技巧和方式。

去印尼演講，和同業的聊天中，記起了一件被遺忘的事情。

印尼的保險業只有一種做法，就是當年馬來西亞保誠保險的做法：畫一個十字架，左邊每個月存馬幣兩百元在銀行，拿4%的利息，右邊是「投資」兩百元買保險，可以獲得五項利益，包含人壽保障和醫藥卡。如果那個人不買，就找下一位準客戶。

印尼和幾年前的中國面對同樣的問題，就是保險還沒有普遍化，就開始售賣投資型保單，公司的培訓部半懂不懂，在培訓時說這是二合一，有保障又有「投資」。二十年前馬來西亞某家保險公司開始推出投資型保單時，代理也是斷掉很多傳統保單，跟客戶說是保險+投資，未來的趨勢，比較劃算。

如果是每個月存兩百元保費，「投資」虧了也算小事，可是在印尼的華僑，他們不是賣兩百元，而是賣保費一年兩萬，而且強調是「投資」，加上印尼的股票市場起落不定，虧了就怪代理。

其實講兩百元是「投資」也是有語病,因為一年兩千四,大約要一百年才可累積到一筆像樣的數目。

這個做法也導致整個印尼的MDRT人數很少,雖然MDRT標準只是我們的三分一。

印尼的做法和MMTS的最大差別是跟蹤(follow-up)和軟技巧。在他們的腦海裏完全沒有以上兩項做法,因為一個月兩百元保費要做跟蹤,也是死路一條。

為什麼MMTS的客戶每年繳交很大的保費,卻很少遇到客戶投訴?因為我們不是一次講解利益就簽大保單。我所見過一次簽大保單的個案,基本上都是帶有欺騙的成分在內,誇大回酬,甚至有些做法是以銀行的名堂去做銷售,魚目混珠,導致退保案件非常多。

很多客戶現在的問題是不相信保險和代理。

如上所述,MMTS的保費會大和繼續率高的主要因素是跟蹤和軟技巧。我們是跟客戶培養良好關係,加上我們教育客戶關於儲蓄或創造財富的觀念,所以他們知道自己買什麼。我們從來不會強調回酬很好,所以客戶投保。(投資型保單不是投資,而是保險。倒轉過來賣一定出問題。)

談到軟技巧,如果只是見面一兩次,關係不是很熟,軟技巧也是不能派上用場,因為客戶覺得你完成MDRT與他無關。

在我看過的老外銷售循環裏,講解/說明後就是處理反對意見,接下去就是促成。在MMTS銷售循環裏,多了一項追蹤,因為這是簽大單

的做法。要叫一位不是很熟的人買幾萬元的保單,而且不是只付一年的保費,客戶一定要考慮清楚。追蹤的目的就是買時間,跟客戶做拉鋸戰,看誰比較堅持。

如果保費只是一個月兩百元,要完成2021的MDRT,需要做173件。馬來人和印度人可能有本事,華人代理能完成這個件數的人,真的沒有幾個。這種辛苦的做法也很難吸引年輕人加入。跟年輕人講要成功必須要「刻苦耐勞」、「埋頭苦幹」、「吃得苦中苦,方為人上人」只會嚇跑他們。

學無止境

二十年前,MMTS的成立目標只是在馬來西亞開MDRT班,講一些課;沒想到後來這些簡單、容易、有效及可被複製的做法,還可以發揚光大,名揚海外;去到台灣、香港、印尼。

很多事情不必想太多,也是算不到,只要不是傷天害理的事,做了才知道結果。一步一腳印,即使是失敗了,也可以從中吸取寶貴的經驗。

保險從業員的好處之一就是每天有機會見不同的人,跟他們學(除非你是目中無人,天上地下唯我獨尊),久了就懂很多東西,跟客戶聊天就不會沒有內容(很多財務規劃師做不好就是自以為有文憑,客戶就會聽他們講)。

客戶要的是比較生活化的話題,講沒有時間的老闆,往往弄到他「很爽」時,三個小時都不夠。如果只是講保險,大概十五分鐘就可以講完了。

最近我有投資香港阿里巴巴的新上市股票,發現原來很多人對股票完全沒有知識,也不知道身邊有哪些客戶有在投資股票(不是玩股

票），你有多少位有錢的客戶從這裏就看得出來。

很多生意人對股票很有興趣，只是隨便聽消息亂買，虧錢的佔大多數。所以我們要成為全方位的代理（但不是去考試拿文憑），才能左右逢源，簽單簽到手軟。

華倫巴菲特每天花八小時看報紙和雜誌，幾十年不變，難道有那麼多東西學不完嗎？好奇心是一個人對學習是否有興趣的主因。我每天都時間不夠用，因為還有很多東西要學，例如阿里巴巴上市後，股價是否有機會漲，跟美國的阿里巴巴股價有什麼關係等？單單這個問題，可能就要研究半天，然後找一些專家來確定自己的結論。

多問和多聽是我們應該多做的事。有時間就找人聊天，當然是找比我們更有錢或懂更多的專家，而不是一些每天在背後講別人是非的人。

口袋要有錢但不想給「腦袋」進補的人，除非生辰八字很好或樣子出眾，不然就是天沒有眼才會讓這種人發達。抗拒學習，不想來開會，或在開會時滑手機的從業員，自己保重。

全方位財富管理方案
(Holistic Wealth Management Solution，HWMS)

放眼二十年後的保險界，保險的投保率已經超過兩百或甚至更高的時刻，簡單的保險商品肯定滿足不到客戶的需求。那時的客戶教育水平比較高，對保險商品的認知已不在話下，也會有很多富二代和富三代的出現，這些手頭上拿著一堆錢的年輕人，你有想到如何賺他們的錢嗎？

很多時候我要知道事情以後會變成什麼樣，最簡單的方法就是到

國外看看。例如十多年前我看到台灣出現草莓族，那時馬來西亞還沒有這批人，可是這幾年情況就完全一樣了。理由很簡單，台灣在八十年代至九七年亞洲金融風暴前是亞洲的四小龍，經濟非常蓬勃，很多那時的生意人，年輕時吃番薯到後來吃龍蝦，突然有錢的華人都會廢孩子的武功(生存能力)，不讓他們冒險，最好乖乖聽話，長大後就成為了草莓族。馬來西亞慢台灣十年(政府改朝換代慢二十年)。

要知道我們這一行接下來會是怎麼樣的情況，到台灣或日本走一趟，大概就明白了。其實保險界的最大競爭對手不是同行，而是銀行。如果你有朋友在銀行做財務專員，你不妨問看他們一年的個人銷售保費做多少？保費一年少過馬幣一百萬的理專算沒有達標，不能參加海外旅遊！

我們的代理一年保費完成馬幣六萬，就要好好「sayang」他們，不能對他們大聲講話，不然給主管臉色看。問題是只完成六萬的業績，怎樣生存呢？為什麼不另找出路？當然有很多做不好的因素，不完全只是不夠努力，競爭和市場飽和是最大的挑戰。

為了離開紅海市場，我在五年前就開始推廣全方位財富管理方案，進入一個全新的藍海，這樣的做法又再次引起同業的攻擊。我在跟同業的資深領導聊天時，我問他們過去五年到底做了哪些創新的事情，就會看到他們臉部表情一片空白；告訴你，除了上網填寫投保書算有創新之外，大概也沒有其他東西了。

面對越來越有錢的亞洲市場，未來的趨勢一定是走財富管理這條路，保險是其中的一部份。這是把保險行業範圍擴大的做法，讓規模可以做更大，而不是代替保險；就好像當年的郵局，如果今天還是只賣郵

票和遞送信件，應該早就倒閉了。現在他們做的行業叫物流，這幾年生意興隆，因為網路購物盛行。遞送信件擴大來看不就是物流嗎？保險不是一向來都是金融體系的一部分嗎？為什麼要排斥擴大市場的做法？

不要自我設限是保險界最常用來鼓勵代理的一句話，但卻也是主管最多拿來用在自己身上的一句話，每天怕這個怕那個，以為代理是他們懷胎九個月的資產，會隨時給挖走。這是可以理解的，保險主管害怕改變，不想失去原有的組織利益，而且主流派都是互相照顧自己的利益，背後有各自的議程，所以墨守成規是正常。

每次聽演講都會聽到講師說世界上只有十巴仙的人會成功，因為這十巴仙的人做其他九十巴仙的人所沒做的事。可是當你做其他九十巴仙的人沒做的事情時，你就成為組織的異類，被套上跟組織唱反調的標籤，搞小集團，最後不歡而散。

HWMS的方式除了能夠滿足客戶的需求之外，最重要的是增加收入，而且在心理上，HWMS讓年輕人覺得有比較多東西學。醫藥卡、嚴重疾病險和保障型保險，對這些人來說太簡單了，感覺英雄無用武之地。如果是見到同學談起目前在做HWMS的事項，肯定不會覺得自己在「拉」保險。

這個做法也符合國家銀行所提出的金融大藍圖，很多主流的「勞力密集」工作，例如銀行的出納員，通過公積金購買信託基金的顧問，賣醫藥卡的保險代理員等，都會被替代。取而代之的是人工智能和在線上交易。

要成功必須「吃得苦中苦，方為人上人」是上世紀的成功法則，如果還在跟年輕人講這種話，他們會加入你的組織，肯定是頭腦進水。

2030到來時，你會有怎樣的生活方式？

十年前你在哪裏？做保險了嗎？住在什麼屋子裏？駕什麼車？孩子那時幾歲？

轉眼來到2020，你有生活的更好嗎？家裏有少了誰嗎？保險有靚麗的業績嗎？有增加智慧嗎？

人生有幾個十年？到了2030的時候，那時的你幾歲？孩子大學畢業，可能是兩個孫的爺爺或嫲嫲？大家都沒有水晶球，不能看到未來，所以一切都有可能發生，可能變得更好或更壞，無人能懂。

美國總統候選人之一的拜登，如果順利在2021當上總統，那時他79歲。所以如果你今年只是四十歲，來日方長，好好規劃接下來的下半場要怎麼玩。

我每周都會寫一篇「每周智慧」分享給MMTS學員，這一寫就已經

寫了超過五年半。我在得空的時候，會開啟電腦看回這些文章，回憶以前發生過的事情，領悟一些當時不能明白的道理。

2019年整年收到的簡訊幾萬個，這個在16/7/2019收到的Whatsapp最有印象：「以前一直都在舒適圈，覺得賺一點錢就夠了。自從養了老虎之後，一直擔心自己付不出龐大的學費，沒有時間去想有的沒的，天天都在想找生意。我學習比較慢，頭腦又遲鈍，謝謝你及Elsie和Kathryn每一次的幫助，克服了自己的錯誤想法，懶惰及種種藉口。感恩老闆Lucas，因為Lucas認識你，認識MMTS所有菁英，你們太棒了，我會努力學習跟隨你們的腳步，一定要做到MDRT。」

來自美里的芳敏，2019年的總收入馬幣五十萬，因為兩位孩子在國際學校（學費和住宿）一年就要十六萬。為了孩子而認真賺錢，給孩子讀好的學校，讓下一代有更寬闊的視野，這種付出絕對是值得的。

如果沒有逼自己的話，肯定不知道自己可以去多麼遠，往往聽長輩講「沒有這樣大的頭，不要戴這樣大的帽」，「吃多少用多少天註定」等來自我設限，因為身邊的人大多數也是很普通。

如果你是大學畢業生，四肢發達，頭腦肯定比一般的人好，照道理應該可以有更特出的表現，為什麼到現在還是普普通通？

你是不是如一些講師所講的「高學歷、高智障」？

賣保險和做財富規劃不是做什麼見不得人的事，所以應該每天提起胸膛，「逢人就講、講必促成、索取介紹」；不必想多多，很多道理做了就會領悟其中的奧妙。

閱 讀 心 得

從傳銷到保險天后

JESSIE CHEN

CHAPTER 02

- 5次COT(Court of The Table)，20次MDRT。
- 跳飛機到紐西蘭。
- 做過多份工作，最後做傳銷。
- 回馬來西亞開線，傳銷公司拿不到執照，最後做保險。
- 個人銷售沒問題，陌生拜訪，在咖啡廳認識人。
- 提供好的服務，跟客戶一起成長。人脈就是錢脈。
- 被引薦給蔡總，聘請MMTS，從五人到五十人。
- 2012的區經理冠軍。
- 只要你要，一定可以得到。

懂得享受這個行業，
才可以走得更長更遠。

沒有退路，就是出路

從事保險二十年，一切皆因「無路可退」。

我來自馬來西亞彭亨州的一個小鎮--Tembeling。父母以割橡膠維生，家裏8兄弟姐妹，我排行第5。由於傳統華人家庭重男輕女，作為女兒的我總是被忽略。我記得5年級開學之前，我偷了母親20仙搭火車到32公里外的Kuala Lipis投靠姐姐，希望能掌控自己的命運。

21歲那一年，由於經濟蕭條，在國內找不到吃，連簡單的生活開支都成問題，於是，我決定跳飛機（非法工作）到新西蘭（當時稱紐西蘭）找出路。我記得，當時是1988年8月6日。

1988年，到新西蘭跳飛機的華人不多，由於我不會英文，所以只能躲在餐館的廚房工作。當時的新西蘭元（當時稱紐西蘭幣）兌換馬幣的匯率是1:3，看似相當不錯，但是在廚房工作卻只能賺取每小時5紐西蘭元而已。除了在餐館全職打工，我也在麵包店當兼職，在新西蘭默默工作，不計較、願意做、願意付出、克勤克儉，所以深得老闆們喜歡。

說真的，即使是三頭六臂、即使再努力工作，如果能力有限，還是無濟於事。我明白自我增值的重要性，也知道能力不足就要盡量、盡快補救的道理，所以，我到社會福利處學習英文。也許是吸引力法則發揮

效應，讓自強的人吸引更多強大的能量，自此之後，我身邊貴人不斷，為我的生活帶來改變，走出窮困、變得更好。

在新西蘭第5年，我開始了自己的老闆生涯，沙龍美容院開業，同一時間經營Nu Skin多層次營銷。靠一雙手找錢很難，這個道理沒有人不懂。多層次營銷／傳銷強調的是複製，multiplication（乘法）/multi-plying effect（倍增效應），經營Nu Skin讓我見識到複製的影響力和高效率。所以，第二年就當了top sales。1995年，Nu Skin主管建議我把品牌引入大馬，回國大展拳腳。當時大馬及汶萊已經累積了千多位代理，所以也讓我雄心壯志回國發展。

美好的想像要有現實的兌現才算是夢想成真，然而，1995年到2003年間我卻經歷了一場漫長且進退兩難的浩劫，因為Nu Skin在大馬的營業執照一直到2003年才正式批下來。那期間，我全部的財產都投進Nu Skin，虧損超過100萬。在新西蘭做得風生水起的Nu Skin，因為一個錯誤的決定，不僅將我打回原形，更是讓我負債累累。

說真的，對於保險界我是非常抗拒的。打從我18歲首次接觸保險從業員開始就嘗試到被吃錢的可怕經驗，那些被稱為「保險佬」的保險從業員的態度和手法真是讓人不敢恭維。今日回頭看那些年、那些人的方法，不把客戶嚇跑才怪呢。

那你一定想知道，這麼抗拒卻還做這一行，那不是很矛盾嗎？對啊，加入保險界，完完全全是因為負債。生意虧損的100萬讓我陷入月貸償還馬幣一萬的困境，不吃不喝，每個月要還一萬，我要去哪裏找錢？

賣保險佣金可計算，只要做五萬保費（First Year Premium），35%佣金就有17,500，還了月貸，剩下的錢可以過日子。負債累累，讓我無路可退，我似乎沒有別的選擇，或者，這就是當時的最好選擇。以前看到「保險佬」斤斤計較的做法真的是令人感到心寒，其實，有些東西真的不需要算的那麼清楚，否則只會斷了自己的後路。雖然如此，他們真正成了我的反面教材，讓我更明白只要肯做，學會先做人、後做事，信任打好了，一切都容易了。說到底，是要用對方式，所以，我從儲蓄著手談，無往不利。

家境、歷練、生活上的不易、生意上的失利，這一切讓我體會到，到了絕路，便有出路；沒有退路，就是出路。

地獄變天堂

從地獄到天堂，不可能一步登天。與人打交道的生意尤其艱難，保險界就是這樣的一個行業，對自己、對內、對外負責任，而不是外人眼裏覺得「不過是賣保險而已嘛」那麼簡單。

對自己，要清楚知道自己要的是什麼。好像當初我加入這個行業的初衷不過是為了還債，但是，我在短時間就把債務清零，然而，卻在行業裏堅持了20年，為什麼？如果這不是一個好的行業，我為什麼會待那麼久？這其中肯定是有值得讓我留戀的地方。

對內，要增員、組建團隊、帶領團隊成長、有效地進行複製，這樣才能強大組織，讓團隊的每個成員都能依循自己的成功腳步複製成功。短視的人把保險看作是自己的事業，其實，保險真正的成功是團隊的成功，把正確的作業態度無限複製，惠及的人數將不計其數。所以，收

起狹隘的眼光，把視線投向更遠大的目標，否則，就是不小心掉入自以為是「成功」的圈套，自滿便是衰敗的開始。

對外，要了解客戶的需求，要提供最合適的解決方案，要想盡辦法讓自己成為客戶心中的首選，否則，有生意也輪不到自己就真的是成事不足了。

從事保險以來，我認為最大的難關是增員和組建組織。增員不難，難在找合適和有熱誠的人；組建組織不難，難在確保團隊都過上好日子，否則團隊找不到吃，自己會覺得傷心。

作為一個團隊的老大，心理素質是非常重要的，我的團隊成員常常問我如何克服難關？其實，他們的做法就真正是我的秘訣。對！找戰友，跟戰友分享自己遇到的難題或瓶頸。除了能舒緩壓力以外，從戰友的經歷中尋找合適的方式為自己解決難題，有時候是一個方式、一句話、甚至是一個想法，就有可能讓我們茅塞頓開。

就我自己而言，我有4位來自不同背景的戰友，包括經營房地產的、做傳銷的、經營幼稚園的和打理家族生意的。在自己不懈前行的同時，找到知音共同分享、分擔、相輔相成比單打獨鬥強多了。團隊的力量不容小覷，這也是為什麼保險界組織化經營要比獨行俠能走得更穩、更遠，做得更大、更久。

一個決定能令一個人負債累累，同樣的，一個決定也能讓一個人東山再起，一切的選擇都在自己的手裏。從失利的傳銷生意再崛起，我經歷了360度的改變，一個決定將自己的人生大逆轉，這讓我意識到，能把自己從地獄裏拯救出來的，只有你自己；同樣的，要把生意做多大，也取決於自己的意願。

貴人指路，急速複製

入行20年，20次MDRT，5次COT (Court of The Table)，感謝自己跳飛機的經驗，學會堅持、態度，相信只要對人好就一定有回報，同時，也知道貴人的可貴。

沒有人脈就沒有錢脈，沙龍美容院要的是客流量、傳銷拼的是人數，同樣的，保險界是人的事業，增員組團隊、找人簽單，「人」就是關鍵。要做生意就要做好人財兩失的準備，盡最大的努力，做最壞的打算，如果無法為自己留一條後路，也請務必讓自己有東山再起的能力。

說實在的，當年在新西蘭的經歷和經營生意的經驗帶給我很多啟發，而且，很多相同的原理都能夠循環再用，在保險界也同樣能發揮用處。當年在新西蘭的沙龍美容院，我有6位美髮師，試想想，一雙手和6雙手同時工作的差別；傳銷生意的招人概念以量取勝，那個時候只知道拼命做就對了，但是，這其中的道理到底是什麼？

直到20年前與蔡總結緣，從戰友複印的一本書開始。蔡總的書「做MDRT你不能不知道的十件事」，看完之後讓我恍然大悟。蔡總說得沒錯，某些種族的奴性太強，必須要逼迫才會成功。如果能抓住「聽話」的文化，那麼，複製成功並沒有想像中的困難。

增員需要耐心，寧願花時間去找合適的人，也別去勉強。強扭的瓜不甜，不要浪費氣力去勉強，最終，合適的人終會聚在一起。找到對的人，就要用對方法去激發他們的潛能，有些人需要用權威「逼」、有些人可以循循善誘、有些則需要填鴨式(spoon feed)，無論用何種方式，目的是要在這些人身上複製成功，所以，了解自己的團隊每個人的特徵，因材施教，讓他們清楚知道自己的目標、應該做什麼、應該怎麼做，幫

助他們達成目標就是最佳的複製成功術。

今日回首，在慎重考慮了9個月之後，於2000年4月16日正式加入保險界，除了拼自己的業績，感謝貴人支持，在團隊裏急速複製成功。

一日五訪

這世上沒有不勞而獲，尤其在保險界這個爭破頭的市場裏，若想要成功，必須比別人更努力，培養良好的習慣則是入門必修課。對於培養良好的習慣，我的秘訣只有一個：一日五訪。

不要告訴我一天見五位客戶太多了，安排不到，你應該問問你自己，你有盡力去安排嗎？你有真的想盡辦法去做嗎？就算是那些口袋裏塞滿錢的人也不會放棄任何賺錢的機會，所以，如果你的口袋還有一點點縫隙，那麼，你應該知道怎樣拼業績。

一日五訪怎麼樣才能做到呢？記住這四大招數：
1. 聽話照做。
2. 絕無雜念。
3. 認真看待公司的每一個挑戰。
4. 複雜事情簡單做、簡單事情天天做。

怎樣才算聽話照做？主管和公司的指示和訓導，你都聽進去了嗎？為什麼你身邊的同行每天接收跟你同樣的信息，但是業績卻比自己好？你有想過嗎？主管為什麼每天嘮嘮叨叨地提醒這個、追問哪個？難道他們是吃飽撐著嗎？公司的系統和方案一套套擺在那裏，你有好好

利用它們嗎？遇上不明白的，你有問嗎？問了，有聽話照做嗎？

雜念是什麼？雜念就是那些無謂的想法。我很好奇，明明就是聽話照做就可以，怎麼還有那麼多想法呢？難道前人有很好的業績不足以說服你乖乖聽話照做嗎？那麼，怎樣才能做到絕無雜念？

人之所以有雜念，是因為不相信，那麼，你應該問問你自己，你不相信的是商品？是主管？是公司？還是你自己？找出令你產生雜念的根源，根治它。記住，如果你相信你的商品、主管、公司、你自己，那麼，剩下來的，就只是聽話照做那麼簡單。

你有認真看待公司的每一個挑戰嗎？季度旅遊獎、獎金、獎牌，你得到過嗎？你想不想要？以上所說的這些獎勵，我全都拿過，我還是想要。「獎」，有誰嫌多？所以，我認真看待公司的每一個挑戰、每一項目標，我自己在努力的同時，同樣鼓勵下線共同努力，激勵士氣，相互給對方打氣，一起領獎。如果大家都在往目標衝刺的時候，唯獨你掉鏈子了，那麼，抱歉了，也謝謝你為有份領獎的團隊成員而鼓掌。

很殘酷對不對？是現實還是殘酷，選擇權在你的手裏。認真「看待」或是認真「看淡」，結果淺而易見，別忘了當初是誰做的選擇。

複雜事情簡單做，簡單事情天天做。朋友，這不是口號，不是每天喊幾次就當完事了，這是要付諸行動的。很多時候，問題是自找的，每天總是想個沒完沒了，但是，「想」有用嗎？能幫你解決問題嗎？這些年，我悟出一個道理：想是問題，做是答案，所以，不要想太多。

在使用這些招數之前，我還要給你一塊敲醒磚和一條方程式。

這塊敲醒磚叫做「窮」，因為「窮」就找到方法。如果你還沒有找到方法，證明你還不夠窮。這「窮」說的不只是你口袋裏還剩多少，而是，

你的心態有沒有將「窮」轉化為讓你找到方法的動力？

方程式非常簡單：早會、培訓、見人、找人。我每天都在使用這些招數，甚至已經變成了我的生活習慣。每天開早會，培訓完畢就出門見人，無論去到哪裏，看到人就講，就算是去菜市場，也會物色好生意的攤位，從閒聊開始，目標只有一個，就是要「簽單」。

以前Starbucks還不盛行，我常常往PJ SS2的Coffee Bean跑，失意的時候跑得更勤，並不是特別喜歡那裏的咖啡，而是，我要去「找人」。在Coffee Bean主動找搭訕的對象，專門找獨自一人的女性，我最愛用的開場白是「對不起，你是不是我的朋友誰誰誰？」，然後就借故坐下繼續聊。

別小看這樣的搭訕方式，我以前的客戶90%都是女性，大多數都是從搭訕開始的。所以，一日五訪，不是能不能做到，而是，你要不要去做。

人脈就是錢脈，當你夠窮了、夠餓了，嗅到「錢」的本能就自然而然被激發出來；當你見的人夠多了、找的人都對了，就更接近你的目標了。

創造獨立的「三粒」原則

說穿了，一日五訪只是一個通往成功的橋梁，而這座橋梁引領的方向是「獨立」。我有一個創造獨立的獨門秘方，我稱之為「Jessie的三粒」，即：經濟獨立、思想獨立、感情獨立。

如果一個人沒辦法做到經濟獨立、思想獨立、感情獨立，那麼，他不算是真正的獨立。如果你沒有想過擁有真正的獨立是什麼感覺，那麼，是時候好好想想了。

經濟獨立。花自己的錢、買自己喜歡的東西、不用看別人臉色，多好？

許多人在花費上受到限制，部分原因是因為沒能夠達到經濟獨立，尤其是女性，依靠另一半支付家用，扣除掉生活的雜費，可能連要買一件新衣裳都要存錢好幾個月，更別說隨意購買漂亮的鞋、新款的包、跟友人去旅行。每天瀏覽社交平台羨慕朋友們的生活，總會想留言「你的生活，我的夢想」，但是，每天卻只是「想、想、想」，沒有多走一步為自己的生活爭取改變。

原地踏步有用嗎？如果一個人想要經濟獨立，但是，每天卻依然甘願當一名伸手將軍，那就不要埋怨家裏那位一家之主訓導你不可亂花錢、別亂買衣服鞋子包包，反正在家也不用穿得那麼隆重。如果你覺得這些已經讓你覺得很委屈，那麼，你還不算生活得太差。難道你沒聽說過，老公不讓老婆送錢回娘家供養倆老的事嗎？這些殘酷的事實在我們身邊比比皆是，或者，你就是其中一個。

思想獨立。自己做決定、不用聽別人的。

有沒有想過為什麼每次遇到難題都要找身邊的人給意見？有沒有想過自己可能找錯了人？他可能給錯了意見而把事情搞得更複雜？

遇到問題時，許多人總是習慣性聽取別人的意見，這沒什麼不好，問題是，你怎麼樣去分辨那些意見的好壞？你有沒有能力在收集許多意見之後，自己作出明智的判斷和決定？

一個人之所以不能思想獨立，除了是習慣性的依賴別人之外，自

己解決問題的能力也是關鍵之一。不學無術，自己不夠強大就只能依傍別人，這並不是件可恥的事，但可悲的是，自己不願意學習，不願意強大起來，所以只能一輩子依靠別人。

思想不能獨立，又如何能獨立生活？如何能獨當一面呢？依賴別人，是因為缺乏自信；缺乏自信，是因為底氣不足；底氣不足，是因為見識不夠。現在，你知道問題的癥結所在了嗎？

感情獨立。不被另一半影響、不被感情牽著走。

人有七情六慾，更何況人非草木，說是不被感情牽絆，除非無情。感情獨立不是叫你變得無情，而是，把感情轉化為情商，讓牠變成一種基本生存能力，別因為感情的另一方的細微舉動而讓自己變得神經兮兮，甚至在關係中掀起軒然大波。

感情不能獨立的女性不計其數，女人都希望被愛，這是與生俱來的本質，所以，一旦認定自己找到了那個「他」，便一頭栽進去，甘心當個附屬品。然而，她們卻不知道這樣的心態是一場豪賭。誰知道一段感情能否天長地久呢？

一個人，要愛得起，也要放得下，所以，在心態上要給自己一個清晰的定位。一段感情是雙方的，千萬不要在感情裏變得卑微。每個人都值得被愛，問題在於雙方是否同樣願意付出，還是，有沒有付出的能力，還是，終有一天，其中一方覺得另一方不值得。

感情是一種在同一個平台上的共識，不論高低、不論美醜、不論貧富，但是絕對忌諱被另一方牽著走，那樣的感情關係，無論是親情、愛

情、友情，都是不健康的。

　　沒錢、沒事業、不能自主、任何事情都得依靠別人，你想就這樣生活一輩子嗎？還是，擁有一份好的事業、不錯的收入、有獨立的經濟條件、有獨自處理生活的條件、知道自己要什麼、清楚自己要走的路？南轅北轍的人生選擇擺在眼前，你，有獨立的見解為自己作出明智的選擇嗎？

再不開竅，就沒希望了

　　我34歲才入行，算不算是起步慢？我用行動和成績證明什麼時候起步並不是關鍵，關鍵是，有沒有開竅？老實說，34歲入行，35歲還不開竅的話，那就真的沒希望了。

　　我記得最難熬的那段日子，沒有自己的辦公室，所以，吃飯、工作、開心不開心都是躲在車子裏，那樣的日子熬了6年，在第6年才有自己的辦公室。在艱難的日子裏，我學會在順風逆風中調適心態，告訴自己：再難熬都會過去。

　　如果我的從前是你現在的寫照，那麼，你必須讓自己有堅持下去的理由，否則，你只會覺得這樣吃苦不值得。若你有遠見，放眼10年後、20年後的自己，你會希望自己早點開竅，早點加把勁逼自己走出窘境，走向你所嚮往的生活。到時候回頭看看今天的自己，一切都是值得的。

　　話說回來，有一件事讓我學會感恩、學會忍耐。曾經因為晉升區經理（spin off）的事故，主管一年沒跟我說話，這讓我覺得非常傷心。但

是，我並沒有因此放棄，三次請求主管簽名答應，終於如願以償。對於主管的一路扶持和教導，我心存感恩，將心比心，讓我更珍惜。後來，主管帶我去見蔡總，蔡總只贈了我一句話：不要執著錢，反而錢一直來。學會付出，得到的將不止百倍。作為團隊的首領，我清楚知道當主管必須以身作則，所以，我一直都堅持以身作則。

人生沒有順風順水，我在保險界20年，業績也曾面對起落，但是我為自己設下明確的目標—MDRT，只要能成為MDRT，無論是不是超額完成，只要是完成了就是達標。業績起落、人生起落，視乎你自己如何看待。

若是專注的商品無法為你達成目標，無論是市場飽和或是市場需求導向有所改變，你必須在市場裏保持相關聯繫，比方說，現金信託和保險信託正在浪口上，你知道嗎？你為這塊市場做了多少準備工夫？

世界很大、很美好，當我走遍世界開闊視野之餘，也為自己的生活減壓，這種感覺是很爽的。而更爽的是，這都是免費的。保險界有許多旅遊獎勵，犒賞拼業績的保險從業員，在辛勞一整年之後，赴一趟免費的旅行，這不是很好嗎？

從事保險以來，我得到過的旅遊獎數之不盡，遊遍世界各國，我相信這樣的生活是許多人的夢想。免費的旅遊對於許多人來說都是夢寐以求的，尤其是年輕人。但是，對於保險界的新人，無論你加入這行的初衷是什麼，這一路走下去都會有許多挑戰等待著你，記得，堅持再堅持。

閱 讀 心 得

美國百萬圓桌的召喚

REX
LIM

- 澳洲讀書，回來爺爺介紹在銀行上班。
- 薪金太低，沒去上班。
- 看了蔡總的第一本書「做MDRT你不能不知道的十件事」，第一次完成MDRT。
- 持續完成到現在，活躍於MDRT馬來西亞分會。沒有錯過每年在美國的MDRT年會。
- 2016年Vancouver MDRT年會代表馬來西亞當旗手。
- 多屆美國MDRT 年會講師。
- 兩座水庫話術的高手。
- 跟隨很多講師學話術。
- 通過保時捷車隊，認識新準客戶。

不是能不能，
而是要不要。

連續10年MDRT，靠的只是一本書

我加入保險行業十七年了，其實，我的學術背景跟保險沒太大的關聯。當初本想選讀市場學，但是母親卻建議銀行與金融。年輕時的我沒什麼主見，於是便遵從母親的建議選擇了銀行與金融。

銀行與金融雖然不是我的首選，但是在求學時期我就懂得用人之道，我總是跟成績好的同學一起相互學習，讓成功影響成功，所以在學業上沒有遇到太大的難關。除了有一次，金融法律不合格，這也是我在二十四科目裏唯一不及格的一科。老實說，當時確是有些不甘心，於是我用盡一切辦法為自己爭取、平反，終於讓我排除萬難說服考官讓我合格。除了用人之道以外，懂得用方法也是我的另一個殺手鐧。這兩項絕招，讓我一直受用至今，在我的十七年保險界裏也大派用場。

說起入行的經歷，我記得2002年畢業回來沒有工作，渾渾噩噩過了半年。踏入2003年之際，受到當時的 Citi Finance （現在的Hong Leong）招聘，但是薪金卻只有區區的馬幣一千七百，後來追加到馬幣一千九百，但是，我還是覺得薪金太低了。當時，有另一個就業機會，職位是財務規劃師（Financial Planner），其實就是AIA。兩者之間我選擇了後者，在AIA第一個月領的薪水是馬幣一千七百，第二個月就直接

飆升到馬幣四千兩百,當時的我覺得這個行業前景非常好,所以,盡管家人不贊成,我還是繼續堅持。

屈指一數,2003年7月15日至今,我在保險界待了十七年,但是,從加入這個行業的第一年開始,連續七年都沒有做過MDRT,這讓我非常納悶。直到我看了蔡明敏的第一本書「做MDRT你不能不知道的十件事」,結果從2009年開始連續10年的MDRT。不要懷疑,這個成績,的確是靠看書就做到的。

累積十七年的實戰經驗,我領略到若要在這個行業永垂不朽和連續當MDRT,基本上只要抓住兩個重點,對的方式是其一,對的人是其二。用對方式能讓你在這個行業站得穩,跟對人則能帶領你走得更遠,即便只是一本書,也能化腐朽為神奇,而我,就是一個活生生的例子。

非一般「保險佬」

「保險佬」是保險從業員很難擺脫的一個刻板形象,無論花多少唇舌,到最後,別人認識的你就是「喏,那個保險佬咯」。你,希望自己一輩子都被定位為「保險佬」嗎?

當然,沒有人願意被別人開口閉口稱為「保險佬」,但是,我們必須認清一個事實,我們的確是做保險的,在外行人的眼裏,就是「保險佬」,問題是,我們如何拔掉這個聽起來不那麼討人喜歡的標籤?

從業十七年,我總是不斷提醒自己「不是能不能,而是要不要」,而事實證明,我頂著的許多頭銜的確足以讓我成為非一般的「保險佬」。

- · 澳洲墨爾本商業學士(銀行與金融)
- · RFC(美國)註冊財務顧問

- 2014–2019馬來西亞百萬圓桌委員會成員
- 馬來西亞百萬圓桌會員委員會（MCC）2014-2016
- 馬來西亞百萬圓桌會員委員會（MCC）2019-2020
- 美國MDRT年會講師（MDRT HK 2016, MDRT Orlando 2017, MDRT Los Angelas 2018, MDRT Dubai Ananham 2019）
- 演講嘉賓 MDRT Experience 2016 HK，Connexion Zone
- 演講者（廣東話）
- 特邀演講嘉賓2017美國MDRT，Los Angeles 2018，Connexion Zone演講者（普通話）
- MDRT年會旗手，Vancouver 2016
- 曼谷百萬圓桌體驗2018，程序開發委員會（PDC）2016-2018
- 百萬圓桌委員會 - Acquisition Younger Client Taskforce 2020-2021
- 沒有錯過每年在美國舉辦的MDRT年會
- 持續完成MDRT到現在，活躍於MDRT馬來西亞分會

　　師承蔡總，業界的人說我是「兩座水庫話術」的高手，也跟很多講師學話術，其實，除了這些以外，讓我能以個人銷售九十萬保費成功拿下Double MDRT的秘訣是推動力（push factor）。我不為自己的小成就感到自滿，反而，我認為這些只是我生活中的一部分，我在努力的同時得到自己想要的，也讓家人生活得更寬裕，帶領一起打拼的夥伴邁向更成功和幸福的人生。

　　保險界是個神奇的行業，賺錢是其一，除此之外，它真正做到為我帶來平衡的生活。這個世代，人人都說要勞逸平衡（Work-life balance），但真正要做到這一點卻不簡單。為口奔馳難免多花時間在事業上，但是花在事業上的時間和回酬是否能成正比，這也是一個許多人正在面對的問題。家庭和事業要兼顧已經非常困難，如果埋頭苦幹但事業卻依然沒能換來家庭幸福，那就成了兩難了。

　　我本身有兩個孩子，需要給家庭的時間很多，說錢不重要是騙人的，但是賺錢的同時必須取得平衡。我個人非常贊同MDRT的全人理念（Whole Person Concept），這個理念倡導的是賺錢的同時需要兼顧的東西還有很多，而不是盲目追求金錢。全人理念的七個因素包括家庭、健康、教育、事業、服務、財富和精神，必須七個因素都能掌控平衡，才算真正成功。

　　每個人對成功的定義都不一樣，唯一的共同點是，成功是一個選項，而選擇權則掌握在自己的手中。與其埋怨自己過得不如人，不如重新審視自己的選擇，重新掌握自己的人生。

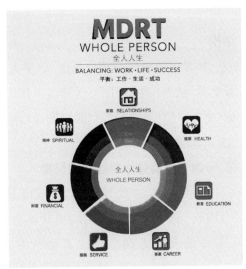

化危機為轉機：話術、方式、態度

「危機裏面必有轉機」，這個信念在我的腦袋裏十七年了，非常管用。我無時無刻提醒自己，行情壞還是有人賺錢，而賺不到是因為自己能力不足。所以，只有不停地提升自己，才有能力在危機中生存，並且借勢壯大。2008年的金融危機葬送了許多同行，但是我堅持不斷提升自己，不僅在金融危機中存活，同一年甚至買了一輛BMW 5-Series，也帶給客戶更大的信心。

自我提升簡單分為幾個層面：

1. 話術
2. 方式
3. 態度

話術

與客戶溝通是一門大學問，很多人糾結於要如何把複雜的事情說得簡單、清楚、容易明白，引導客戶作出你為他鋪排好的選擇之路，但是，更多時候，是你有沒有開口把真心話說清楚？

第一，讓客戶清楚你要達到的目標。

「十五萬名代理中（包括回教保險）只有約一千九百位MDRT，而我，就是Top 1%精英中的精英。」

「您是大老闆，肯定需要精英來服務。」

保險是人的事業，也是服務行業，如何在言語中讓客戶體現「被服務」，除了簡易的解說方式，別忘了讓客戶有優越感，讓他覺得由一位精英來「服務」自己是一件很爽的事。當大家都在賣同樣的商品和概念的同時，你有順勢推銷自己嗎？要打造這種讓客戶「享受別人無法享受的服務」的優越感，從好好經營你的「服務」做起，但是千萬別忘了你的目的是什麼。直到有一天，你的客戶二話不說的在你遞給他的文件上簽名，之後還跟你說：我就相信你一個。

第二，要不斷開口，勇於要求。

「老闆，我就只差這一單了。」

「老闆，我今年能不能再上台領獎，就看您了。」

許多人礙於開口，是因為害怕被拒絕和放不下尊嚴。須知道MDRT不達標必須開口要求，否則，錯過了機會就後悔莫及了。不要到了迫在眉睫才來找人，平日裏，知道哪個客戶有錢、有需要就要盯著，也給時間客戶慢慢認識自己，培養信任。被拒絕不是壞事，找到答案才死心。如果你問我是不是一直被拒絕還要堅持下去，那麼，我可以告訴你，被拒絕五次還能堅持下去的才算是真正的堅持。

方式

要有強烈達成MDRT的渴望，必須要有明確的目標，告訴自己今年要做多少？哪些客戶需要什麼？用什麼概念？想好要用什麼方式達到目標，然後一一實踐。我有一些慣用的方式提供參考。

第一，了解和灌輸，同時進行。

　　傳統上，理財都是偏保守的，所以保本的金融商品和工具相對會讓客戶覺得安心，因為在他們的認知裏，只要不是投資就沒有風險。如果你遇到偏向保守的客戶，順著這樣的方式洽談是沒有問題的，但是，作為專業的保險從業員，必須先了解客戶的理財方案，灌輸分散投資的概念，再把高風險轉去零風險的戶口。

第二，讓客戶不好意思「Paiseh」。

　　先做人、後做事。這是MMTS最厲害的一套。由於華人都說情，所以我敬您一尺，您敬我一丈是永遠不會過時的方法。盡量解決客戶的問題，別一直抱著付出後就要回報的思想，與其說是無形中變相讓客戶欠你一份情，倒不如是說幫客戶解決問題，為他排憂解難，甚至成為他的患難之交。這樣的關係一旦建立起來，其他的也就水到渠成了。

第三，「想就是問題，做才是答案。」

　　這句話是台灣莊秀鳳老師的教誨，簡簡單單的十個字，字字鏗鏘。只想不做是沒用的，這幾乎是小學生都知道的道理，但是，卻偏偏很多人都覺得知易行難，尤其教育程度高的人，更是想得多，但卻遲遲不行動。千里之行的第一步都踏不出去，還說什麼遠方呢？

第四，輸在猶豫，贏在行動。

　　再好的方式，如果不去實踐，也是紙上談兵。

態度

讓客戶聽到、看到你是認真的、拼命的。

你有沒有嘗試過客戶打電話關心你,問MDRT是否達標?

態度是無形的,客戶看不到,但是感受得到。所以,要讓客戶記住你,需要在態度上發揮「創意」。所謂的最高境界,莫過於令客戶願意幫你完成目標,而你還能輕鬆回話「還差少少,如果需要就call你啊」。

第一,如果我要就一定能做到。

「你別只羨慕別人的成績,而忽略了別人成長的過程。」

一個人的決心在其一言一行就能觀察出來,如果你決心要做一件事,你的決心就會反映在你的態度上、行動上。所以,只要你決心要做MDRT,基本上全盤計劃就能出來了,剩下的事,便是堅持去完成所有的目標。

以目標為導向,在自我成長的過程中教育客戶,讓你的真心付出為他們提供額外的服務,就像是一位貼身的萬能助理一般。保險是死的,但是服務是活的,能在死的基礎上做多少額外的,這就是竅門。

第二,要用心對任何人。

客戶不是傻的,你的一舉一動為的是什麼目的,或多或少都能看得出來的。有些客戶就是要考驗你的耐性有多少,拒絕你只是個套路,目的是要看你怎樣應對和處理。所以,如果你害怕遭受到拒絕,那就正中對方的圈套了。反而,逮到機會就盡情發揮,釋放你的小宇宙去建立

信心，務必做到客戶有什麼需要就會第一時間想到自己，成為對方心中的Google Man，做到他的生意就是真本事。

「想要」和「一定要」是有差別的，這其中的關鍵因素是心態。只要心態對了，要找出方式就容易得多，再從中設計高效的話術，成為自己的標誌也是順理成章的事。第一次的MDRT最難，但是，一旦熬過來了，之後便是一碟小菜。

嬰兒潮一代，從退休到財富傳承

為什麼是嬰兒潮一代？

我認為這是財務顧問應該進入的市場，其原因是由於大部分生在這一代的人很多都不知道如何計劃退休和財富規劃，因此他們都不能舒適及安心地退休，此外，他們財富也傳不過第二代或第三代。

他們最主要的兩個計劃：
1. 退休
2. 財富傳承

退休

嬰兒潮一代的主要擔憂是退休。

嬰兒潮出生於1946年至1964年（歲數從56-74歲之間）。他們的退休年齡大多數是從55歲開始。女性的平均壽命為87歲，而男性為84歲（根據日本的調查研究）因此退休計劃對他們是非常重要。

那通常他們是怎樣計劃自己的退休呢？以下這幾種方式就是他們一般的計劃：

1. 房產租金收入（非免稅收入）
2. 股票（非免稅收入）
3. 公司股息（非免稅收入）
4. 銀行定期存款戶口（免稅／非免稅收入）
5. 依靠孩子（有可能完全沒收入，因為三文治時代）

但是他們大多數人幾乎沒有把錢投入長期退休保本年金，長期退休儲蓄計劃或退休免稅收入計劃中。

因此，有四個問題必須在這裏提問：

1. 他們的錢足以退休嗎？
2. 退休後的免稅收入來自哪裏？
3. 他們的退休收入得到保證嗎？
4. 可以維持多長時間？

從他們的退休計劃模型來看，由於無法保證的退休收入和許多不確定因素，會涉及一些風險，例如：

· 長壽風險
· 市場風險
· 長期護理風險

- 死亡風險
- 通貨膨脹風險
- 監管風險
- 稅收風險
- 離婚風險

作為理財顧問，我們始終鼓勵他們將高風險投資組合轉移到低風險投資組合，例如年金和有保證的退休收入計劃，如下：

十五項保險退休戶口的好處：

1. 保證資本戶口
2. 從第一年開始支付長期終身優惠券
3. 免稅
4. 優惠券和利息免稅
5. 資產流動性
6. 無需遺囑認證
7. 無需經過資產分配法令
8. 沒有維修費/不像財產
9. 沒有繼承問題
10. 提供人壽保險/保障期至100歲
11. 債權人證明（破產證明）
12. 靈活性/金額可以隨時提取
13. 分發時無需法律費用

14. 現金分配/簡單且程序快

15. 如果戶口持有人去世,受益人可以從賬戶中得到100%的錢。

概念 1

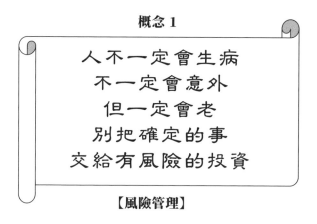

【風險管理】

概念 2

請參考「做MDRT你不能不知道的十件事」

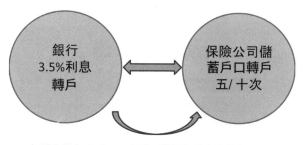

- 有穩定性年利收入＋ 保本 ＋比銀行利息高的紅利

- 好過放銀行,你沒有損失的, 不會動到母金

【兩座水庫概念】

財富傳承

　　根據我們的國家分配法,當一個人去世後,凡是他/她名下的財產都將被凍結,所以他的親人就必須向高等法院申請行政書(無遺囑)或遺囑認證書(有遺囑)。在沒立遺囑的情況下,整個申請的過程需要2年或更長時間。如果已經立了遺囑,申請遺囑認證則需要三至六個月(這是一個大概,要看文件是否完整)。所以在這段時間裏,通常就會出現許多問題,例如受益人不同意分配額,家庭成員之間的糾紛,病故遺留了大量債務,甚至被欠債者也有權力去要求索賠逝世者的財產。

　　下圖顯示了大馬遺產分配法令的方式:

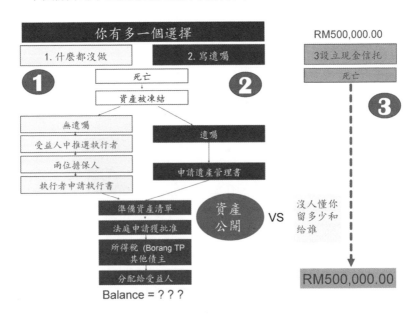

【大馬資產分配法令下的選擇】

從上面的圖表中可以看出，這個遺產分配的程序都不簡單，死者家屬必須逐步進行，最終得到的，也很可能都是他們預料之外的結果。所以，我們可以使用立遺囑的方式，建立現金信託和人壽保險作為他們的財富創造方法，簡化了財富傳承計劃。

1）遺囑

2）現金信託

3）人壽保險作為遺產規劃

通過使用上述的3種方法，整個過程就變得快速且簡單。

遺囑

立了遺囑後，如果逝世者在沒欠債的情況下，逝世者的資產大概三至六個月之內就不會再被凍結。你可以為你的客戶與當地律師或遺囑公司安排詳細的遺囑計劃。

現金信託

現金信託是依照委託人的指示，把現金放入信託戶口，以便當委託人去世後，可以提供一筆緊急現金給指定的受益人。有了現金信託，七天內現金就可以分配給指定的受益人。信託戶口都是受到保密，所以一定不會泄露誰是信託契約的受益人和留多少現金給他們。這也可以有效的減少家庭糾紛的問題。

高保額人壽保險

有了高保額的人壽保險，這筆錢就可以在兩個星期內，分配給指定的受益人（配偶或兒女）。它可以用來解決遺產申請過程的費用、律師費、印花稅或其他債務，也可以及時提供家庭緊急現金流動基金。

我已經使用以上財務規劃建議超過五年了，並且得到了客戶的共識與認可。現在，我想分享一些概念，如何運用人壽保險，為嬰兒潮一代創造財富的一個理財工具。

概念 1

創造財富方案

| 設立
馬幣一百萬
現金信托 | **+** | 投保
馬幣三百萬
人壽保障 | **=** | 馬幣四百萬
不被凍結現金 |

年利息
6%

50倍

每年
繳交保費

馬幣六萬

加免費一百
萬意外保障

保客的利益：
- 不必顧慮未來繳交保費的問題
- 錢不會被凍結，簡單又快速理賠
- 未來家人的生活開銷有著落

概念 2

明智的傳承規劃

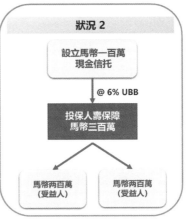

概念 3

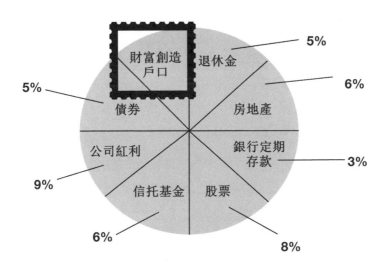

【利息轉移財富創造戶口】

上面的所有資產都是好資產,但是如果您過世了,
它將被凍結,您的受益人幾乎無法進入這些賬戶

如果所有資產價值500萬美元,那麼所有500萬美元將被凍結,
家庭將遭受緊急現金流動性的困擾

通過每年將所有年度投資回報轉移到財富創造賬戶中5次或10次,
可通過人壽保險免費創建額外的500萬美元財富

因此,總資產從500萬美元增加到1000萬美元,而最好的是從人壽保險
中獲得500萬美元是免稅的,它將繞過法令分配法

以下是給嬰兒潮一代的問題:

1. 他們如何計劃退休之前和退休之後的財富?

2. 他們的財富可以平均分配給受益人嗎?

3. 他們去世後,他們的財產將會如何?

4. 他想要怎樣規劃分配財產呢?

5. 當他不在後,他是否可以確保他的受益人可以得到公平的待遇?

6. 退休時,他們的財富是否是委托近親完全控制?還是控制權在自己?

7. 他知道為什麼現金信托作為其計劃重要的一部分嗎?

8. 他了解保險是傳承工具之一嗎?

怎樣應對嬰兒潮一代？

- 生於1946年至1964年之間。
- 自我、固執。
- 很難接受你的計劃。
- 需要很多耐心 。
- 需要多次拜訪他們。(超過五次)
- 古老思想。
- 他們不容易信任你。
- 他們都很保守。
- 喜歡多選擇。所以一定要幾份計劃，讓他們選。
- 50/50的規則。
- 為他們解決所面對的問題和如何繳保費的方案。

最後，這裏有一件事情是我非常肯定的，就是大部分到了這個年齡的人，通常都有足夠的銀行存款，他們都有能力準備退休金和財富傳承的規劃，只是需要我們去讓他們的財富規劃變得更好，一代傳一代！

「被拒絕五次才算堅持」

拜讀過蔡總的「做MDRT你不能不知道的十件事」，在書中學到了成為MDRT的精髓，付諸行動之後也讓自己輕輕鬆鬆連任MDRT，這讓我覺得不可思議。於是，更讓我雄心萬丈多次想要聘請蔡總擔任顧問，希望借助名師的指點繼續提升自己的能力，然而，卻非常不幸地被

蔡總拒於門外，這件事讓我懊惱了一段時間。

被拒絕固然會打擊士氣，但是，我記得蔡總的教誨：被拒絕五次才算堅持。於是，我鍥而不捨，最終，我自動降級，從區經理降為組經理，並加入其中一個有聘請蔡總的組織，自此之後，蔡總便成為我的生命導師。

蔡總是位隱晦的導師，他曾建議我換公司，當時我真搞不清楚平白無故地為什麼要換公司呢？而且，業績也做得非常不錯，轉換新的環境到底對我有什麼好處呢？原來是因為他非常清楚保險界各公司的文化，他覺得轉換一個環境會更適合我，一個人在對的環境裏，自然更如魚得水。

例如一位有市場潛能很大的代理，加入一間公司的文化是教你如何做陌生拜訪，專賣每個月三百元保費的人保和醫藥卡，這不就是進錯公司了嗎？如果在這種文化的公司內，你沒有跟著路線走，想馬上要進入你現有的高端市場，你會被其他同事講「做人沒有腳踏實地，好高騖遠，看他什麼時候死？」。

這也難怪這間公司的主管們，因為他們沒有看過MMTS的做法，也不知道高端市場的銷售模式和話術。我認識一些主管，做了十幾年保險，還是一樣在賣每月三百保費的單（主要是不懂得如何賣更大的保費）。這種代理如果在MMTS的環境，不到三個月就完成MDRT，差別是不是很大？

蔡總這位不折不扣的名師，他有保險界的前瞻眼光，對整個市場的動態非常了解，加上他是街頭智慧的鼻祖，總是教導我們先學會先做人後做事，許多門徒在業內都有非常出色的表現。

堅持，是一個很空泛的詞。怎樣才算是堅持？多少人能夠接受被同一個人拒絕五次依然硬著頭皮上？就算你的臉皮夠厚，也別忘了，堅持值得堅持的、應該堅持的，否則錯過了機會等同拿自己開玩笑。開玩笑只是一時，追悔莫及卻是一輩子的事，所以，慎重考慮你的堅持，有沒有堅持「對」了？或是，應該趕快急轉彎？

若沒有高人指點，就只能自己慢慢摸索，若跟對了人，有名師指路自然少走許多冤枉路。蔡總為我們提供了很多機會，但是怎麼樣去把握，多少人能堅持下來，這就是MMTS和其他同行的分別，也自然而然形成了業界的分水嶺。從我第一次達成MDRT，我就一直堅持至今。你呢？你更願意站在哪一邊？

專業，不是說說而已

無論任何行業，都一定有其困難之處，所以，無論從事什麼行業都避免不了要面對難關。然而，對我而言，沒有所謂的難關，因為關關難過關關過。面對難關、突破瓶頸，關乎你怎麼去看待眼前的窘境，敢不敢與挑戰正面交鋒，這也是個考驗個人能耐的契合點，衝過去了，又到達了另一個層次。

曾經，當大家都懊惱如何開拓更多準客戶的同時，我則通過保時捷車隊認識新的準客戶。這不是炫耀我有多厲害，而是想要鼓勵同行，尤其是那些想要加入保險界的新人，無論順風還是逆流，都要不斷嘗試、切忌停頓、要有耐性和信心、千萬不能放棄、必須堅持。

如果身邊的同行對你發放負能量，請你必須立馬轉身離開，別被負面思想影響了你。當然，如果你內心足夠強大，請以正能量去影響他

們，讓他們跟隨你的腳步前進，別因為一時的失意而感到泄氣，最終落得被淘汰的下場。

一路走來，我非常感謝我的太太的支持和鼓勵，她是一位鋼琴老師，兩年前加入全職，目前也是兩屆的MDRT資格，我倆受MMTS的影響在保險界相互扶持，這是我最大的福氣。除此之外，我也感謝姑姑和父母，雖然父母到現在還不是很鼓勵我的保險事業，他們總覺得做保險從業員像是「陪坐」的角色，覺得身份低人一等，很是卑微。

其實，那是因為他們的概念留在以前的年代，以前的「保險佬」沒有專業形象，專業操守相當模糊，所以總是給人們留下不討好的印象，但是，隨著時代改變，現在的保險界是專業行業，保險從業員是專業人士，我們賣的商品叫做保險，但是，我們真正做的是「專業」。

現在的人很清楚自己買的保險是什麼，所以，專業很重要。對於這一點，我早已用行動和成績證明了。從母親開始，我讓身邊的人，以至社會大眾對保險界改觀。這是一個漫長且困難的過程，因為做出好的成績並不是一朝一夕的事。所幸我從未萌生放棄的念頭，三個月的成績令母親改觀，一直到現在，我堅持做好自己的「專業」。

閱 讀 心 得

閱 讀 心 得

早期海歸派的成功典範

CHRIS LIM

- 美國畢業，在金融公司上班。
- 想做生意，被已經做保險的哥哥「騙」，告訴他先做保險賺到錢，才有本錢做生意。
  一做就28年，也了解生意不好做。
- 個人銷售太太幫忙很多，她上班公司有人脈。
- 最大的推動力是四個孩子。目前女兒英國畢業，直接加入全職，第一年就完成MDRT。
- 以前在哥哥組織，沒有做市場區隔，不同種族，沒有策略，什麼都賣。
- 開始時蔡總主推儲蓄保單。現在就改成創造財富，利用保險為槓桿。
- 年輕人的組織，要會做也要會玩。
- 授權給他們去發揮，才會有歸屬感。
- 要有耐心培養90後，因為沒有需要做，家裏有錢。

順勢改變，
永續經營。

美國畢業，保險界崛起

我今年52歲，在保險界已經過了28個年頭，簡單一點的說法，我這半輩子就是在保險界混過來的。1991年年尾我從美國畢業，1992年開始在亞洲金融公司上班，但是只維持了短短的1年半就結束了我的打工生涯。從1992年開始從事保險兼職，一直到1993年8月轉為全職。

其實，早在1992年3月的時候，二哥讓我考試領取執業執照、聽講座，開始做保險，在短短的一個月就達到了業績目標，覺得賺錢並沒有想像中艱難，而且，當時的40%佣金算是相當豐厚，又可以免費去旅行，發現這一行也挺好的。

脫離打工族大軍，覺得自己不適合打工，雖然想要自己經營一些小生意，但是，考慮到做生意有風險，而且收賬也不容易，加上兼職嘗到了甜頭，所以，就順理成章直接轉為全職，留在保險界繼續打拼。

開始總是艱難的，我和大多數人一樣，從身邊的人開始著手。所幸太太的老闆們所買的保費數目大、數量大，做著做著發現自然市場其實也蠻可觀的。所以，即使經歷了無數次的政策改變，28年後的今天，我依然屹立在這個行業當中。

　　政策的改變對於保險界的影響並不一般，隨時一個新制度都可能對從業員的收入帶來打擊，譬如1996年佣金制度的調整就是一個立竿見影的例子，一個調整的動作就淘汰了許多人。（註明：1996年國家銀行實施「經營成本控制指南」，將所有開銷統一化，如佣金，營銷組織的辦公室津貼等。將之前付給營銷組織的總佣金從220%減至160%，很多主管和代理在這個時候消失。MMTS的理念就在這個時候開始萌芽，從亂做的人海戰術轉成精英政策，開始提倡MDRT，採用簡單、容易、有效及可被複製SEED的方式，大量複製精英。如果當年那些消失的主管和代理明白蔡總的理念，就不會死不瞑目。）

　　我從1998年開始賣醫藥保單，當時的佣金計算是捆綁續保率（persistence rate），也就是說，續保率降低的話會直接影響收入。所以，以前都是專注在華人市場居多，因為華人一旦開始投保就不會斷保，相對來說馬來人斷保的可能性比較高。

　　保險是個適者生存的行業，若要在這個行業裏站得穩，必須順應時勢，必須找到逃生的縫隙，自己「執生」，站著等的話就是走向絕路了。MMTS的蔡總就是這其中的高手，他會用很多方法補救佣金制度的縫隙，指導業者從保險單一商品到理財，給客戶更多的選擇和保障。

　　我見證了許多開始拿保單滿期利益的人，每每聽到客戶回饋「好彩有這些錢」、「還好有貴人協助」這些話的時候，我就更篤定自己選擇了一條對的路。當然，28年以來，除了讚美和感謝，我也遇到過看似很難跨過去的坑，這其中的樁樁件件要數金融風暴和SARS為最艱難的時期。開始的時候不覺得是什麼大問題，但大環境一步步壓迫，身邊周圍的人都開始感到壓力的時候，就開始意識到，這一波又不知道要淘

汰多少人了。

其實，一切都在轉念之間。那個時候，我想，要做就做到尾，難關是一定有的，也是一定要經過的，肯定也有解決的方案。結果，大環境造就了人們對於醫療保障的意識，激發了許多醫療保單的需求。由於受到佣金制度的影響，量是多了，但是收入並沒有相對提高，但至少，安然渡過了難關。

說起來，當年出國深造確實讓我獲益非淺。為了讓我出國深造，母親向哥哥姐姐借錢，這讓我至今依然深感感恩，在1年半的時間就用了父母親六萬，接下來的日子都是自己打工賺錢。

西方國家的文化和中華文化差異很大，慶幸自己沒有受到太大的文化衝擊。不像華人家庭，西方國家的孩子們自小就獨立生活，所以在那段時間在美國學習和生活跟老外住在一起，學英文，視野拓展了，也學會了多角度思考，從而建立獨立思想。西方的文化特質和方式讓我有了新的認知，比如他們爭吵的原因是因為每個人的角度不一樣，所以不難看到站在自己的立場上據理力爭的場面。

正因為這樣，我學會接受每個人不同的方式和特質，不會為不同的見解和聲音而感到詫異。若說是學以致用，除了正規的上學以外，我也把在國外生活時所看到的、學到的帶回來，在事業上可算是非常管用。

Monkey see monkey do

加入MMTS之前，我們總是絞盡腦汁增員三大種族以壯大組織，殊不知年輕一代才是市場的生力軍。年輕人是市場的脈搏，某程度上

會為社會帶來一番新景象。而事實上，每一個年代都有其「年輕一代」，關鍵是我們有沒有把他們當一回事。

2014年，由於求職市場上開始湧現大批Gen-Y，我便開始研究及探討Gen-Y的個性。要做增員找代理的話，大多數都是這個年紀的，而他們這個年紀的人多依賴家裏，大多數都是過著相當富裕的生活，所以，在選擇工作上不經意為自己設下許多框框條條，甚至，稍有不爽就乾脆辭職不幹，反正家裏又不等他們的薪金開飯。

有別於嬰兒潮一代，Gen-Y的觀念多是先消費、後儲蓄；先享受、後打拼。所以在選擇工作的時候所要求的薪金是根據自己的生活模式和所需消費而擬定的，而自己的能力和市場的薪金定位則不在主要考量範圍內。每每被問及所要求的薪金從何計算，聽到的答案極可能就是現代年輕人的生活模式全攻略，這其中包括每天早晨喝的咖啡、下班歡樂時光的消費、代步的交通工具、住所的地點、添置新裝的費用、每年出國旅行的次數等等。

追求生活品質是Gen-Y傳達給求職市場的一個重要信息，所以，在增員的過程中，如何引導他們相信保險界將帶領他們活成自己響往的模樣才是正道。要吸引Gen-Y必須要讓他們感受到歸屬感和參與感、有活動、有組織、大家一起拼業績、一起賺錢、一起玩樂。家長式的教導對於Gen-Y來說，是不合時宜的老派，唯有跟他們打成一片，站在平等的角度出發，以相同的頻率和方式去溝通，當然，策劃還是由公司來定，只是在傳達信息方面更貼緊這群「聽眾」的需求。

一如之前所提及，每一個年代都有其「年輕一代」，隨著年月流逝，年輕人的優先安排列表（priority list）也會跟著更改，比如年輕的時候

覺得旅行最重要，但是結婚生子之後就會把家庭放在首位。所有的轉變都會帶來一定程度的影響，如果忽視生活上細微轉變帶來的殺傷力，那就中了圈套，裹足不前了。

除了時刻關注，把適合的人放在對的位置，讓他們發揮各自的長處，增員新人組建自己的團隊、開拓新客戶，放手讓他們擁有對事業的責任感、歸屬感、參與感，協助他們把壓力（pressure）變成樂趣（pleasure）、把歡樂（fun）變成金錢（fund），這個策略和方式在我增員新血裏記錄了許多成功的個案。

最為讓我津津樂道的莫過於把女兒增員到自己的麾下，這是作為主管的驕傲，更是作為父親的驕傲。女兒2018年畢業，一直想要往時尚服裝行銷發展，她和許多時下的年輕人一樣沒有家庭經濟負擔，所以，基本上都是自己賺自己用，市場為新畢業生定下的底薪雖然微薄，但是也足以過日子。然而，她跟隨著我從事保險，現在每月入息5位數。她現年24歲，在她的同輩眼裏，5位數的入息不是一個小數目，而是真正能夠讓他們過上自己響往的生活的「經費」。

許多人覺得Monkey see monkey do貶義太重，但是「有樣學樣」的對象若是個好榜樣，那又何妨呢？事實證明，我對女兒的影響是在對的時間發酵了。然而，Monkey see monkey do說的不僅是我對女兒造成了什麼影響，更是女兒為她身邊的同輩，乃至為求職市場上的社會新鮮人樹立了一個楷模，女兒是因為認同我所以才放棄了自己原來的夢想，同樣的，她的成功也將說服其他人。今日女兒追隨我的腳步，明日社會新鮮人追上女兒的腳步，這個「有樣學樣」的制度將一直複製下去。

　　我生活上所擁有的一切都是這個行業帶來的,有形的金錢當然包括在內,此外,無形的感動如客戶的反饋和感激也是讓我一直堅守在這個行業的原因之一,因為我相信我所做的一切都可以幫到客戶,達到雙贏的局面。

跌倒就是成長的勛章

　　我有10個兄弟姐妹,他們全都是我的客戶(除了二哥之外),這讓我非常感動。事實上,許多保險從業員開始的時候都是從身邊的人著手的,並非打身邊的人主意,而是,身邊若是有人有需要,又剛好是你的專業,那不就是不謀而合嗎?

　　我雖然是家中老幺,在別人眼裏肯定就是萬千寵愛在一身,在兄弟姐妹之間會享有老幺的優待,所以才會佔盡先機讓大家都成為自己的客戶。如果做保險只能憑這一招取勝,那麼,做完身邊的熟人豈不是就應該收拾包袱了?我雖然是家中老幺,但是絕對自己不會佔別人便宜。試想想,如果我賣的東西別人不需要,「給臉」幫襯的人會有多少?會有人重複購買不需要的東西嗎?會有人把我的商品或服務推薦給別人嗎?

　　有些新手對於這個方式感到抗拒,覺得自己像是卑躬屈膝去「求」親戚朋友,如果你也有這樣的想法,那就應該好好反省了。你以自己的專業讓他們得到保障,怎麼就變成「求」了呢?你付出專業服務,賺取傭金,那是天經地義的事,為什麼反而自己覺得不好意思了呢?

　　我小時候很活潑,運動天分高,排球、羽毛球都精,求學時期又活躍於課外活動,可算是無憂無慮,但是到了中學,突然覺得沒有自信,

有些事情不敢去做，常常需要別人給信心才能發揮。那一段時間變得相當被動，直到結交了打球的朋友，跟到對的人，信心就跟著回來了，就好像加入MMTS一樣，近朱者赤。

打球和銷售有一個共同點，進場就是要贏。要贏就要好好打，團隊要配合得好，心態要好、取勝心一定要強。羽壇上的經典對決，為什麼林丹會贏李宗偉？熟悉羽壇的人都知道，林丹的心理質素非常強，這說明了心態很重要。除此之外，自律也是不可忽視的一環，自律不是與生俱來的，而是培養出來的習慣，需要不斷地複習，讓它成為習慣。如果害怕失敗，那就永遠都無法強大。

我自問不是天生的行銷高手，但是在A-Level等成績的時候去賣摩托車，結果在一個月內賣出35輛的漂亮成績。坦白說，那個年紀，也沒什麼策略可言，也許就是好勝心作祟吧，所以也就一個勁地衝。回想那段日子，騎著摩托車去馬來甘榜，跟保安打交道、做朋友，關係打好了就可以進甘榜推銷摩托車，現在我們的說法是，人脈、網絡、關係。那個時候，算是找對了市場，跑進馬來甘榜做馬來同胞的生意，跟馬來人打交道，甘榜式的馬來話非常管用。

當時，Yamaha比較便宜，而Honda則比較貴，我當時只專注在Yamaha，我覺得賣客戶想要的和負擔得起的，而不是一開始便想著自己要賺的佣金，所以，我的做法是做量，量大了，佣金自然會多。以前不覺得那些是策略，現在一一分析下來，其實都是行銷智慧，並且，同樣的策略倒模在保險界，卻也用了整整28年。

那個年代，朋友們都出國讀Pre-U或是雙聯課程，父親不贊同，慶幸的是母親支持我升學。在DISC人格特質分析裏，C代表

Compliance，服從型。我常常在演說時會提到「有讀書的人比較C」，C型人之所以能夠簽大單，是因為C型的人按部就班、做事很細、能以專業的角度去分析和解釋，給客戶一個全盤清楚的概念，讓客戶知道他們需要什麼，為什麼需要這些。

我的推動力來自家人、四個孩子、同事和保客，每當我想放棄的時候，就會想到客戶，萬一我不幹了，我的客戶怎麼辦？把案子交到其他人手中，我的客戶會不會受到同樣的待遇，他們需要聆聽的時候，是不是也一樣找得到合適的人傾聽他們的需求？別人拿錢給我是想要我成功，絕對不希望我半途而廢，所幸我很少被放棄的念頭襲擊，反而積極想要繼續做得更好。我有四個孩子，家人是我一輩子的責任，而我，也開心扛起這些責任。

領袖是培養出來的，銷售是發掘出來的，成功是從失敗中練就的，既然如此，何懼挫折？若是不慎跌倒了，就當作是為自己多掙了一個新的勛章，有什麼好害怕的？

SEED，簡單有力

我以前用的方式叫做「賣儲蓄保險」，就簡單粗暴地推銷保單，完全沒有概念可言，直到後來加入MMTS，跟著蔡總學習，對學先做人再做事有了更深的感悟。保險行銷有很多可行的方法，只是，有些事半功倍、有些事倍功半，這其中的差距不是一般大。

同樣是買保險，許多人都像我以前那樣，直白地推銷，但是蔡總建議概念化，用SEED概念註入行銷。SEED指的是Simple（簡單），Easy（容易），Effective（有效），Duplicable（可複製），這套概念的

基礎簡單有力，基本上就是將繁瑣的事情簡單化，讓代理可以輕易地複製。

　　複雜的東西需要花很長的時間去理解，卻不擔保一定搞得懂。但是複雜的東西簡化了（Simplify）了就會變得比較容易理解，讓教的人和學的人都事半功倍，提高效率和複製的速度和數量。

　　簡化的東西遠比複雜的更有效，比如講解一份保單，如果五句話就能說明白的，請你千萬不要假厲害用五十句話去跟客戶解釋，這樣只會弄巧反拙，本來有興趣的客戶被你這麼一直唸，不被嚇壞都被嚇跑了。其實這個道理很簡單，就好像人們為什麼喜歡走捷徑一樣，如果一條直路能到達目的地，誰會選擇九曲十三彎的路，費時失事？

　　要對複雜的東西進行複製，是一件非常令人頭痛的事，而且，這麼複雜，複製來做什麼呢？倒不如自己創出一套新的做法更為容易，這就是為什麼有一些導師所說的大道理在學員身上發揮不了效用，原因很簡單，因為太複雜了，一大堆聽不明白的道理、一個個聽不懂的專業名詞、一長串理不出一個頭緒的所謂概念，聽完都覺得頭昏腦脹了，連實踐都有問題的概念，誰要複製？

　　站在新手代理的立場上，最好能有一個速成班、一套簡單幾句就能說明白的方式。在這個什麼都講求速度的年代，簡單（Simple）就能被複製，很多看似繁瑣複雜的道理和方式，其實，都是可以被簡化。SEED概念用法簡單、效益淺而易見、沒有捷徑，因為根本不需要捷徑。

　　ＳＥＥＤ是我在ＭＭＴＳ學到的，最有效的方法之一。我打從接觸ＭＭＴＳ第一年就ＭＤＲＴ了，當初進ＭＭＴＳ的時候只是Ｕｎｉｔ Ｍａｎａｇｅｒ，認識蔡總也不知道他原來是位顧問，當時只知道他是賣雜

誌的。後來他說我能做MDRT，指導了我許多竅門。與其滔滔不絕說這份保單有多好，反而在話術裏加入生活化的術語、繪畫幸福的人生、為客戶理清養兒防老還是養錢防老這等切身問題更有效，當談話內容更接地氣，更貼近他們的生活，自然會更容易被接受。

蔡總也不是拿錢做事的人，而是找合適的人培養及幫助他成長。這些年來，我覺得蔡總的方向是對的，因為有MMTS的存在，保險界變得很精彩。加入MMTS第一年就當上MDRT，我不認為這是個巧合，因為我真正看到自己的改變，方式上的改變最終反映在成績上，這是有目共睹的。

「一萬個小時法則」升級版

「人們眼中的天才之所以卓越非凡，並非天資超人一等，而是付出了持續不斷地努力。1萬小時的錘煉是任何人從平凡變成世界級大師的必要條件。」這是美國暢銷書作家格拉德威爾(Malcolm Timothy Gladwell)在《異類》(Outliers: The Story of Success)一書中提出的定律，他將此命名為1萬小時法則(Ten Thousand Hours Theory)。

根據格拉德威爾提出的定律，累積1萬個小時的專注、努力和經驗，就是專家。所謂1萬個小時的累積不是坐等時間流逝，而是連續1萬個小時專注在一件事上，達至專、精、深，才能稱得上是專家。那麼，1萬個小時到底有多久？就每個月工作20天，每天工作8小時計算，累積1萬個小時需時約62.5個月，即約5.3年。若每天只能專注4小時，那麼，你就得準備10年的時間才能成為真正的專家。然而，像是電視劇裏的那

句經典台詞「人生有幾多個十年啊?」。是的,人生有多少時候值得花10年時間專注在同一件事情上?你有沒有問過自己為什麼要成為「專家」?「專家」的頭銜能為你帶來什麼效益?

無論是在哪一個行業,同一時間做同樣事情的人比比皆是,憑什麼讓別人第一時間看到你、想到你?有人說,一場比賽裏只有冠軍是贏家,其他的全都是輸家,包括位居第2名的亞軍,可見位居榜首、業界翹楚、行內專家等名銜的重要性。

在同行中脫穎而出、鶴立雞群才算有代表性,所以,用1萬小時打造的「第一名策略」就是要讓你搶盡先機,在業界無人不曉,成為客戶心目中的Top of Mind,成為那個第一個被想起、被點名的人,這也是信心的來源和品質的保證。難道你不想嗎?

現在,問題來了。到底怎樣才能專心一致累積1萬個小時呢?

濃縮28年的經驗,我能給出的建議很簡單,初入行的不要怕辛苦,保險行銷的磨練是值得的,但是在還沒有享受成功的碩果之前,必定有許多考驗正在等著你,如果你沒辦法扛住壓力繼續前行,那麼,你基本上就跟別人沒什麼兩樣,既然是這樣的話,那麼,及早打消成為Top of Mind的念頭,平平凡凡地過日子吧。

如果還是覺得不甘平凡,那麼,催促自己必須每天都出去認識人、勤拜訪,要做1萬個小時才會架輕就熟,這正正就是1萬個小時的癥結所在,在累積1萬個小時的同時,你是在提升技能、複雜技巧,當你一次次遇到拒絕的時候,你會想盡辦法去回應下一個拒絕,讓「升級版」的自己去說服對方,而不是轉身離開。

　　同樣是1萬個小時，快慢完全掌控在自己的手裏，看自己願意花多長的時間去完成，你願意多花時間勤力去做，自然會更快達成目標，你若放緩腳步，就別羨慕別人總是跑得比你快。這1萬個小時，見客戶、見客戶、見客戶，當客戶是氧氣，越多越好，要安然累積1萬個小時，不斷地認識人就是保命的動作。

　　更快速有效的方法，就是在自己累積1萬個小時的同時創造裂變，讓效果全面「升級」。在找客戶、見客戶的同時，帶領朋友一起做，同時間複製多個1萬個小時。你可能沒有發現到，在朋友圈裏，不是你帶著別人跑，便是被別人牽著跑，最常見的是傳銷，但是，你有沒有深入了解過傳銷的體系？他能做多久？就我所遇到過的真實個案來說，保險做久的可能性比較大，反而傳銷會面對換公司和制度的情況。所以，要先發制人，把他們引入你的行業，大家穩穩地抱團成長，一起做，建立朋友圈，一起走，發揮團隊就是力量的優勢。

　　我問你一個簡單的問題，我若願意教你複製我的成功，我是否在害你？肯定不是呀。如果我想要害你還不容易嗎？何必兜一大圈把事情變得複雜？同樣的，你若把朋友帶來一起複製無數個「你」，其實就是在複製成功。

在保險界，留到最後才是贏

　　如果你問我，在保險界，怎樣才算成功？我會回答你：「剩」者為王，留到最後才是贏家。

　　這話怎麼講呢？

我從亞洲金融(現在的艾芬銀行)任職副經理到跟哥哥K.C.Lim做兼職保險,到後來兼職收入多過全職薪金決定離職,1993年全職加入安泰保險公司開展我的全職保險之路,1999年尾加入MMTS而改變做法,以SEED概念專賣儲蓄保單就順利當上MDRT,這個過程中,我領略到什麼叫做「與時並進的精彩」。

人生的精彩是因為可以不斷地成長,順應時代的改變、接受並適應新政策、找到合適的代理、幫助代理取得成功、組建成功的團隊,在每一個階段都盡情的享受當下,這就是我對保險界的熱忱。

我的保險路上,要數在MMTS最為精彩,剛加入的時候,常常以局外人的身份逆向思考,不停進行分析和思考。時代變遷但是初心不改,自己的目標要永遠保持清晰,專注達成目標,否則決不罷休。

在保險界,要留到最後才是真正的贏家,要贏的是自己,而不是跟別人相比較,尤其是在不同跑道上的,何苦相比較呢?獵豹在陸地上佔優勢、海豚在水裏肯定能贏過獵豹,大家各自有自己的舞台,更何況,不同的時間有不同的精彩,別忘了要清楚知道自己在做什麼,不要受外來因素的影響,堅持做對的事,一切都會是對的,尤其在迷惑的時候更要知道自己的位置,學會「執生」。

雖然在保險界已經渡過了28個年頭,我的初心不變,我依然滿腔熱忱期待不確定的來臨,而我的目標則是持續成長。

閱 讀 心 得

閱 讀 心 得

從需要到想要行銷術

JOSHUA CHOOI

- 銀行上班，賣房屋貸款。
- 轉保險界，專攻房屋貸款和人壽保險。
- 遇到瓶頸，2009年上司聘請蔡總擔任顧問，改變做法。
- 從分析保單（需要need）改成軟技巧、和客戶搞關係、博感情、創造想要（want）。
- 從意外保險（保費低）改成儲蓄，保費大。
- 開始發展組織，如今帶領超過六十人代理。
- 受英文教育，不會華語，不懂中華文化，學習華人的生意模式。
- 連續完成十年MDRT。
- 走蔡總的財富規劃路線，讓代理提高收入。

真正決定人生高度，
是你的行動力；
做事不是盡力而已，
而是竭盡全力。

錢和地位，都是推動力

年輕時的我覺得錢和地位就是全部，曾經為了找錢去享受自己想要的生活，我甚至誤入歧途，有一段時間離家出走，經歷母親生病之後才開始慢慢轉變。2000到2005年在銀行當出納員，薪金少得可憐，那個時候還得自帶便當。從零開始，讓我明白創業才能更快創造財富，但礙於沒有學識、沒有經驗，創業談何容易？直到有一位朋友不懈邀請了2年，我終於決定加入保險界，給自己六個月時間，就這樣，我在保險界十四年了。

這之前，我對保險界非常抗拒，但是為了錢，我願意嘗試。事實證明，在短時間內，這份事業為我帶來五位數的入息，這樣的驕人成績讓我無後顧之憂。

從業第三年便聽到蔡總的大名，外界對蔡總的評價是個「神話」。終於在2008，入行的第四年找蔡總拜師卻不得要領，直到2009年我才

被MMTS接受。蔡總是名副其實的人生導師，他教會我如何做人，讓我腳踏實地、全心全意投入保險事業。

正當我覺得人生開始順遂時，突然收到公司的一封信，被告知組員涉及欺詐，並且人間蒸發，我因沒做好監管工作而被公司要求償還接近馬幣五十萬的款項。因為自己的監管失當造成的局面，我責無旁貸，五個月就還清賠償。

此外，我也曾投資過很多生意，虧損過上百萬，綜合經驗學到的教訓是，做生意必須親力親為。在保險界，我賺到錢、吸取到經驗、學到細心和看細節，因此，我時常警惕自己要謹慎，不能看表面。

人生數度起落，我每次都從零開始。從零開始並不可怕，我自問情商高、不被情緒影響、有擔當、有生意人的頭腦，所以遇到問題也不推卸責任，自己找方法處理，因為我相信成功者找方法，失敗者找理由。2012年從AIA轉去ING（後來也賣給AIA），又碰巧當時區經理有病在身，我只好接手管理整個組織，一直到2016年，上司敵不過病魔，組織群龍無首，我只好另找出路，轉戰安聯。

搞清楚自己的定位

在保險界，我們不僅是「賣商品」，更多的是跟客戶建立良好的關係和交情。對我來說，客戶會不會買賬更多取決於對我們的信任，重點並不在於商品。如果客戶覺得我們是可信賴的，能夠提供專業的意見和方案，所推薦的商品只是整個信任過程的一個總結，真正解決問題的方案，是我們的專業意見，這其中的差別也是常常被許多人忽略的。

保險商品層出不窮，而且更新的速度非常快，每個代理都可以拿

著同樣的商品進行銷售，問題是，為什麼客戶會選擇你？

有些保險從業員非常仰慕名牌公司，覺得大樹好遮蔭，能夠給客戶更大的信心。但就我個人的經驗來說，公司其實並不重要。這些年我已經轉換了好幾家公司，每家公司的商品都是大同小異，就如之前所提及的，公司和商品不是讓客戶簽單的最關鍵要素。一位成功的保險從業員，能夠讓客戶跟著自己一輩子，不管轉換到哪一家公司，不管推薦的是那一款保單，一旦信任、信心和信用建立起來，客戶想到保險就會想到你，那麼，號召力來自「你」這張名牌，而不是公司的招牌。

保險其實就是一門服務型的生意，我們代表的是「自己」、賣點是「自己」，所以，簡單來說，我們賣的是「自己」，在這樣的情況下，把「自己」這個「品牌」推銷出去才是重點。那麼，「推銷自己」的訣竅是什麼？六個字：先做人、後做事，建立客戶對我們的信心是服務型行業的不二法則。

商品是死的，比較起過去的年代，由於大眾對保險的認識和認知，導致商品特質的影響力相對降低，比方說，除了保險從業員，客戶也可以從其他渠道認識保險商品，從而進行簽購保單。但是，若深入探討「為客戶解決問題」，從生活的層面上讓客戶提高危機意識、了解他們的所需和所推薦的商品如何幫助他們解決他們正在或是將會面臨的問題，而這些問題往往都是個人化的，所以，沒有一條方程式通用於所有的客戶，這就能突顯我們「專業」的重要性。

一位客戶能簽購多少份保單視乎他的危機意識是否奏效，你也許會問，什麼是「危機意識」？我舉個例子。一位已婚人士，有孩子，有穩定的生意，他所需要的包括人保、死亡和終身殘廢、醫藥卡、重疾、儲蓄、

退休、EPF轉換去保險、首要人物保險(Keyman Insurance)、買賣合約(Buy-sell Agreement)，這樣就是九份保單了。

　　許多人認為人壽、死亡和終身殘廢保險不重要，但是，想想家人、孩子，若是天有不測，自己走了也就一了百了，但是其他家人也許會因為你的離世或無法工作而陷入經濟困境。花無百日紅，尤其是家庭的經濟支柱更應該明白這一點。所謂意外總是發生在意料之外，提前的準備能保無憂，所以，千萬別抱著僥幸的態度。死亡和終身殘廢保額的計算方式是收入的十倍或以上，也就是說，萬一發生事情，可以維持家人十年生活不變。

　　近年來，醫藥卡被廣泛接納，大部分原因源自於對日漸高漲的醫療費用有所認知。加上醫藥卡保額無上限且不受國家區域限制，它能發揮的用處更不能小覷，而且，往往是客戶的首選保單。除此之外，重疾保險也是炙手可熱的保單選項，重疾不選對象、不選時間，尤其是不能治愈的疾病，住院期間有醫藥卡保障，但是，出院後若無法繼續工作就會斷了經濟來源，所以，更加應該未雨綢繆。重疾的保額計算方式是收入的兩至三倍，提供康復期喪失的經濟來源和所需的額外支出。

　　華人有儲蓄的習慣，但很多都是為了儲蓄而儲蓄，賺到錢了，存起來，根本沒有打算拿來用，這跟西方國家的思想出現很大差異。西方國家在這方面巧妙地運用了五十/五十的方式，50%的用作生活和享樂，剩余的50%投放在保險保障，那麼，萬一自己發生了不測，還有一筆錢讓家人繼承，簡單來說，就是用保險公司的錢為自己善後，讓家人用這筆錢解決生計、生前的債務、稅務，甚至作為個人的「財富傳承」。

　　儲蓄保險的用途大多用作孩子的教育費用，但是，許多投保人對

於這個概念是模糊的，甚至說不出孩子打算在國內還是國外升學，這個問題就來了。因為國內和國外升學的費用差別非常大，如果計算錯誤導致計劃上出現偏差，那就歪曲了投保的本意了。一般上，往國外深造兩年的費用大概三十至六十萬，那麼，這筆錢要用多少年的時間才能存到這個數目？什麼時候開始存？其實，儲蓄應該是定期的，尤其是要用作孩子們的教育，更加不容有失。以六十萬為單位，如果存二十年的話，每年得存三萬，相等於每個月馬幣兩千五百。

說到退休計劃，許多人會選擇投資來賺取退休金，普遍的選項是房產，對於這一類客戶，建議與房產價值相等的保額門檻太高也不切實際，所以，我會建議把保額降低到足夠繼續支付三年的貸款，那麼，三年的緩衝期可以把房產變賣套現。

所謂公積金（EPF）轉換去保險的方法其實是企業董事或自僱人士在可選擇的情況下把本可以儲存在公積金用作退休金的數額轉移到保險，同樣是儲存退休金，保險則提供多一份保障。

首要人物保單（Keyman Insurance）的作用是在企業失去關鍵僱員的時候，所得到的賠償用作保障企業的正常運作和債務，而且保費可以得到稅務減免（只限定期保單），一舉兩得。

買賣合約（Buy-sell Agreement）保障股東的利益，以企業宣派的股息投保，協議當中的合夥人離世後以壽險保額購買離世合夥人的股份，這樣一來就可以避免離世合夥人的財產繼承人（尤其是沒有營商或相關行業經驗的人）參與企業的運作，免除企業陷入不必要的運作僵局。

綜合所有，其實就是用保險公司的錢來降低自己的損失。若能夠

看明白這個道理,其實我們是在建議一個明智的方法讓客戶用最少的費用獲得最大的利益和保障,也就是槓桿的概念。

「概念化」

　　純粹賣商品往往只能做一次生意,這是你想要的嗎?與其用商品來說服客戶,不如把整個過程概念化,以概念行銷。一如之前所提及的情況,對危機意識的醒覺、對保障需求的認知都可以透過概念行銷劃分,促使一位客戶簽十份保單,成交十宗生意,不是更好嗎?

　　說到底,行銷不過是一個有目的的循環過程。問題是,用什麼方式去進行。我提倡用概念去說服客戶,而不是商品。那麼,實際過程到底是怎麼一回事?

　　首先,面對新顧客的破冰環節非常簡單,只要找到彼此的共通點和共同話題,話匣子打開了,任何話題聊起來都會感到有默契。只要這一關攻破,接下來的就好辦了。

　　通過聊天可以尋找許多資料,除了問相關的問題,也考驗觀察力和耐性,比如從對方的談吐、態度、衣著打扮、開的車子、住的房子、做的生意等等了解他的生活習慣、消費習慣、喜好、顧慮和忌諱,從而提出相關的問題。切記,別讓對方覺得你在盤問他,或是套他說話,用聊天的方式融入對方的世界,讓對方感到舒服和放下戒心,這樣的交談會讓你有意想不到的收穫。

　　另外,別期望第一次見面就能套取所有你需要的資料,少則五次,多則十次,關係是慢慢建立的,別操之過急。跟客戶見面的目的除了尋找資料以外,也要在過程中讓對方知道你能帶給對方的價值,別害怕

吃虧，當你能為對方做的事情越來越多的時候，證明你是能者多勞、有利用價值，換做是你，這樣的一個人，客戶能不愛嗎？

千萬別小看一些瑣碎的小恩小惠，你的盡心盡力為客戶付出會被看見，當關係建立起來，便能用你的專業去分享你的「概念」，銜接到你所收集到的資料當中，向對方進行講解和確認他的需要。有些人不是不知道自己需要什麼，只是在等一個人幫他按hot button；有一些則對自己的需要沒有概念，兩者都一樣，需要我們這些專業人士去「告訴」他們，促成簽單。

除了方式概念化，在「講解」的環節裏將客戶的需要概念化能有效簡化內容、讓客戶更容易明白。客戶的需要概念劃分，如下：

分類	保障
醫療險 （Medical Insurance）	1）無限醫療保障
傳承信託 （Legacy Trust）	2）死亡和終身殘廢：年度收入十倍的保障 3）收入替代：年度收入三倍的保障
累積財富 （Wealth Accumulation）	4）教育基金：大學與生活費用 5）退休基金：退休生活費用
房產貸款保險 （Mortgage Insurance）	6）財產貸款：債務保障 7）投資者貸款：分期付款保障
商業保險 （Business Insurance）	8）EPF-保險：長期服務獎賞 9）首要人物保險：損益保障 10）買賣協議：股東保障

把你要做的事情和說的內容概念化、掌握客戶真正的需求等於完成一半的促成，適當地在行銷過程中製造和確認危機意識則能加速促成。整個行銷循環裏，促成只佔5%，之前的工夫則佔95%；但是，若你無法堅持完成前面的95%，那麼，就別去想促成了。緊記簽單後還有售

後服務需要跟進，關係的保溫工作絕對不能少，別忘了還有客戶身邊的轉介紹機會，熟客一傳十、十傳百的裂變威力無窮。

50% vs 200%法則

50% vs 200%法則是最讓我引以為傲的殺手鐧，這其中的秘訣是通過感知（Sense）、識別（Identify）和抓住（Grab）為顧客之間搭起生意橋梁，在拼業績或增員方面同樣有效。

大約在十五年前，我意外地撞了一輛寶馬七系列車子，立即下車道歉及跟對方協議讓對方先把車子送修，我會全額負責修理費。修理之後對方約我見面卻退卻了我的賠償，反而就這樣交了朋友。在聊天的過程中發現原來我倆都很喜歡吃豬腸粉，於是，我不時打包好吃的豬腸粉到他的公司一起吃、一起聊天。在交流期間，我得知他的生意和家庭方面的資料，而且是一位很低調的成功傢俬商人。

我把這位顧客銜接飲食業的客戶，創造共贏，雖然我只是扮演中介人的角色，但我是存粹義務介紹，促使雙方成交後並沒有在客戶之間的交易獲得任何收益，不抽佣金、不從中謀利。但是，就這樣，我取得了大家的信任，整個供應鏈所有老闆們的保單都讓我包攬了。

對我來說，一次的「不撞不相識」給了我一次機會搭建更多生意之間的橋梁，而事實上，我只是付出了50%為顧客之間搭起生意橋樑、銜接他人的力量成交業務，但是卻換來全部人200%的得益。

我相信，這一切源自於我一開始肯認錯、肯負責任的態度。我們永遠不會知道遇到的是什麼人，所以，切記不要在任何人面前耍心機、耍小聰明，做人最重要真誠，這樣做人做事的法則在老闆們的眼裏，是難

能可貴的。他們反正都有需要投保，那麼，我肯定就是他們的首選了。

別忘了，良好的關係需要長期保溫。建立關係和維持關係一定要花很多錢嗎？其實並不是。贏得客戶的信任最好的方法，就是了解客戶的喜好，從客戶最感興趣的話題切入，投其所好拉近彼此之間的關係，這可以是任何形式的吃、喝、玩、樂話題，就好像我和這位客戶的關係，建立和保溫都歸功於豬腸粉，那麼，你說，買豬腸粉要花很多錢嗎？

我再分享一個用50% vs 200%增員的真實故事，這其實算是同行間交流演變而成的增員實例。

曾經有一為業績不太好的壽險同行在轉行後轉介了很多客戶給我，我在他的創業期給予扶持和建議，到後來變成好朋友，相互在生意上給大家支持，相互間的信任甚至讓其家人都覺得感動。後來，他的哥哥從不知道我的行業到主動要求加入我的團隊。

當時看在他們的眼裏，我像是一個做大生意的人，這種感覺也許來自我轉介給他們的生意人脈、或來自我的生活方式和態度，甚至我開的車。其實，我的確是一個生意人，我在經營的是一門生意，只是在更多行外人來說，壽險其實就是賣保險而已。

這個過程裏，我做了什麼？我只是在同行落難的時候給予扶持和鼓勵，做轉介的動作，而更多的只是在交朋友，這些付出是微乎其微的，但是，反饋卻無限大。首先，朋友從困難中重新振作、擴展生意，第二，我的人脈中增加客戶之間生意交集的活動；第三，我為自己的團隊增員；第四，我帶領著新增的隊員過著他想要的生活、賺錢、享受時間自由、讓自己的人生有選擇。

如果說這是巧妙地讓別人欠自己一份人情債的「方法」，我並不

反對這種說法。最重要的是能買到顧客的心，會做人、做對事，願意花95%的過程與客戶溝通交流、建立感情、進行觀察，最後，剩下的5%促成，利己利人，何樂而不為呢？一切源自微不足道的付出，當中發酵的是看不見但感覺得到的「感動」，如果這種付出是一種投資，那麼，我的回酬翻了何止四倍？

蔡總說我只受過英文教育，不懂中華文化，能夠了解華人做生意的方式，真的很難得。我後來也領悟到未加入MMTS之前我的做法，很難做到生意的保險，只適合做打工的市場。很多人問我蔡總到底教些什麼話術，為什麼有那麼多人採用他的模式，可以年年完成MDRT？如果你還是被「話術」能長久完成MDRT的迷思所困，你不妨看這本書多幾遍，了解其中的精髓。話術也許能讓你簽單，但那只能說是碰巧，不能長久重複的做。

完成MDRT的人都是有動機，有原因去做，不會不小心做到。如果有行銷的天分，完成MDRT當然比較容易，可是沒有的話，就只好加倍努力，沒有捷徑。但是最重要的是要有生意人的思想和心態，不要有不勞而獲的想法。生意人要煩的事情多我們幾十倍，可是他們很少埋怨，見招拆招，因為他們不做不是自己會死，他們的員工也一起死。這是為什麼我們沒有像生意人一樣認真的原因。

迎合Gen-Y的全攻略

在一個團隊裏，有相同的方向和一致的腳步才能走得更快更遠。我們的願景便是團隊的方向，讓團隊朝著公司的大方向，鞏固信心一起大步前行。我們的價值觀很強，但只有六個字「先做人後做事」，我們

都相信這簡單的六個字可以改變一個人的層次。

對於我的團隊，我特別看重品行。我的隊員們年齡介於25到38歲，這群Y世代（Gen-Y）不全是為錢而做，所以，我絕對不會把錢當成誘餌，反之，我放下老闆的心態去融合他們。受蔡總影響，我們做事用西式，做人用中式，採用西式管理，中式人情的升級化系統去教導和管理讓透明化的方式免卻了許多問責。

W-P-G

我們的團隊WPG（Wave Power Group）代表的是Work（工作）、Play（娛樂）、Grow（成長），反映了Gen-Y的需求；有別於嬰兒潮（Baby Boomers）的勞力特質，現代的年輕人由於自幼接觸科技長大，他們的思維和反應能力快速。事實上，現代的生活方式更清楚詮釋了年代的改變，所有的資訊都是從指尖上隨手可得，所以，他們更需要W-P-G這三個元素達到勞逸平衡（Work-Life Balance）。

Work（工作）：

1. 生長在資訊發達的年代，普遍較聰明，相對不努力，想要用小努力獲得大報酬。雖然勞力已經不合時宜，但是只靠小聰明也不能持久，只有雙結合才是優勝竅訣。

2. 生活無憂，對錢的慾望不高導致Gen-Y沒有努力的理由。他們需要帶領和指導，比如每天的拜訪量。

3. 懶散急功、崇尚短暫、快速達標的方式。需要糾正他們的態度和習慣，培養工作的作息狀態。他們需要「監督」，但不是「管束」。

Play（娛樂）：

1. 迎合Gen-Y愛玩的個性，獎勵是很大的推動力，但是，必須讓他們明白，有獎有罰才是真正的遊戲規則。所以，把拼業績「遊戲化」，把賞罰「生活化」，迎合Gen-Y的心態，激起鬥志，讓團隊和團隊之間進行PK戰，在遊戲的同時，激勵團隊一起成長。我們常用的賞罰包括現金獎、旅遊獎，罰請大家吃飯，看戲或唱K等，對Gen-Y來說都會感到非常有趣。

2. 團隊獎勵旅行、聚餐等都可以為團隊減壓，平衡心理。

3. 他們需要舞台和認同、需要被看見，我們不吝提供。

Grow（成長）：

1. 事實上，Gen-Y最看重的是成長，讓自己學習更多的知識，比如早會，蔡總的「每周智慧」對他們來說都是獲益非淺的管道。

2. 我們的授課題材不局限於銷售，而是關於做人、做事和與顧客拉近關係等課題，通過各種渠道分享多方面的知識和資訊，包括新聞和You Tube。

3. 參加MMTS的精鷹體驗會（MMTS Experience），聽取成功前輩或是業界以外成功人士的經驗，從中自我增值。

4. MMTS的LAB（Life Agency Builders）提供增員技術、管理和領導方面的培訓，將Gen-Y迅速做好帶團隊的準備。

如何「管理」Gen-Y？

No! No! No! 其實，對於Gen-Y這個愛自由不受管束的族群，千萬別把「管理」看得太嚴肅，反而把自己融入他們、一起監督活動、一步一步指導、協助他們培養習慣、適當地為他們提供解決方案，這些對他們來說更有用。不是說每天審問對方就是有效，而是應該運用朋友聊天的方式，卸下主管的身份去了解、關心、手牽手地去引導。這不是偷換概念，而是在「管理」上對症下藥。

「一對一」

除了迎合時代，我們也把代理細分化，以「一對一」的方式進行指導和鼓勵。

「一對一」其實就是突破隊員不習慣於公開場合提問或分享的弊病，而偏巧Gen-Y普遍屬於被動，他們更多的時候在公開場合如早會或是培訓的時候顯得比較內向和少話，所以，作為主管就必須主動。「一對一」能有效提供一個專屬的交流機會讓主管聆聽和提供指導，即使只是一周一次，任何話題都能達到激勵和關心的效果。

在「一對一」指導方面還有一個巧妙之處，就是「男女大不同」。男性隊員一般上尋求解決方案；但是女性隊員則也需要情緒上的安撫，所以，對女性必須多一些耐心去聆聽，以同理心去關心她們所面對的問題，讓她們知道自己並不是孤身作戰。

「一對一」的精髓並不在於一對一的指導和提供方案，而是真正的個人化輔助，包括陪同見新客戶、實踐現場指導，與客戶面談結束後，馬上進行「一對一」檢討，以循循善誘的方式讓隊員知道自己做對

或做錯的部分，即時吸收並進步。請記住，責罵會擊碎Gen-Y的「玻璃心」，所以，想要帶領和鼓勵Gen-Y進步，請把控好自己的語氣和措詞。

D.I.S.C.

把用人之道用得出神入化的方法不外乎D.I.S.C.，根據不一樣性格的人，用合適的方式更能事半功倍。事實上，D.I.S.C.是MMTS的共同語言，也是領導的必修課，善用D.I.S.C.能夠減少團隊之間的摩擦，提高團隊的生產力。

比如從事銷售的人一般是DI的行動派，他們的特點是急和追求成績，所以，讓他們去拼業績、提供平台給他們表演和分享。帶領這類人的時候，SC能起達互補和平衡的作用，在DI欠缺的地方多加提點和提醒。

那麼，SC的人適合保險嗎？其實，他們就是穩定的主管人選，他們也許在拼業績上較為遜色，但是，他們的能力在於管理、分析、增員和帶領DI的人，組成相輔相成的團隊。IS的人充滿熱忱，強在會做人，懂得搞氣氛，總是會讓身邊的人感覺舒服，所以尤其適合保險這個服務型行業；而DC的人則有超強的執行力，有什麼必須保證完成任務的事，DC是不二人選。所以，要懂得把對的人放在對的位置上，讓他們發揮各自的潛能。

看清楚自己要走的路

團隊要壯大，必須增員。在增員方面我是非常嚴格及講究的，因為這不僅關乎我的團隊，還有對方的人生，這不得不讓我加倍嚴謹去

了解、觀察和尋找對方的特點和熱鍵，讓對方知道自己要的是什麼，理念是否與組織相同、能不能配合我們的組織文化、是否能聽話照做，否則，就不需要浪費大家的時間了。潛在新隊員的過去和經歷提供的端倪足以判斷他是否適合保險，是否與組織相互合適，所以，多問多聽、從中分析、再作判斷，這樣做對大家都負責任。

　　保險界，說易不易、說難不難，一切都是在於自己。但是，什麼人才適合保險界？喜歡與人打交道、願意接受挑戰、容易融入新環境、勇於開發新市場的人都合適，至於宅男宅女，要作出的改變和付出的時間心思將會比別人多，但是只要有決心要做，基本上沒有人有資格判你死刑，只是，你得拿出能耐去證明你自己。若真有心，意味著決心跟過去說再見，先決條件是，把手中的那杯水倒掉。

　　我深信每一個人的人生中都有一位教練，比如比爾蓋茨的導師是華倫巴菲特，而蔡總就是我的人生導師，也是我非常尊重的人。從我沒有聽過他的大名到真正認識他，我發現他是個非常聰明且推測能力異於常人的高手。蔡總讓我覺得他不僅是聰明而已，他仿佛能夠看到每一個人的未來，這讓我從他身上學到看事情的視野。而且，他對於行業未來五到十年的推演已經全盤在他的掌控之內並且已經計劃好下一步以及接下來的要走的每一步，他的前瞻眼光是業界許多人的「盲公竹」，令我佩服不已。

　　最值得令人敬佩的是，他不是說說而已，而是去落實、去實踐，他說到的一定能做到，這就是以身作則最好的榜樣。說真的，我感恩遇上了這位人生導師，讓我學習到應該如何管理自己的生意，少走冤枉路。

2012年初，當我陷入人生低谷的時候被蔡總痛斥了一頓，讓我對人生真正醒悟。蔡總對我的方式跟其他人不一樣，我記得當我發生事情的時候，他不是直接伸手救我，而是讓我去撞牆之後才拉我一把。我不得不說，他的拿捏非常精準，他雖然讓我撞得傷痕累累，但同時也幫我開墾光明大道。

蔡總的教導方式很特別，他不是一個直接給答案的人，而是讓學生自己去探索和了解。他教的不是怎樣做保險，而是怎樣做人。從事業到家庭，到人際關係，先做人後做事，別太計較，因為the more you give the more you'll receive。蔡總有一句名言「做好事、講好話、對人好」，這句話讓我一生受用。

When there is a will, there is a way; when there is wave, there is growth，當我們想要完成一件事，我們的意志力就會推動我們找到出路，無論遇到什麼困難，我們都能突破問題，持續成長。人生的波浪有起有落，這是成長的必經之路。

每個人對成功的定義都不一樣，對我而言，若我的隊員能夠每天成長1%，也就說明了活到老學到老，不停止追求他們想要的成功。我樂見團隊裏的每一個人都能夠在保險界站穩腳跟，而且持續成長。能夠見證他們透過這個財務規劃行業發展並且完成他們的目標，就等於實現了我的人生目標。栽培人才的樂趣在於從沒有到有、從很好變得更好，讓一切美好惠及他們的家人，這種感動非筆墨所能形容。

感谢Mama Eileen Lai
Thanks to the late Mama Eileen Lai
因为蔡总
because of Dato Chua

閱 讀 心 得

用信托開拓新市場達人

ELSIE LOO

- 發誓不會從事兩個行業:保險和傳銷。被朋友拉去聽蔡總的創業講座會,了解儲蓄的重要,加入保險界兼職。
- 去精英大集會,接受業績挑戰(PK)。
- 第一年就完成MDRT。第二年只用三個月就完成MDRT。
- 開始發展組織,開拓吉隆坡市場,增員妹妹,她第一年就完成 MDRT,第二年完成 COT。
- 為了兼顧檳城和吉隆坡的組織和銷售,星期一至星期四在吉隆坡,五至日在檳城。
- 蔡總介紹她在吉隆坡買房子。房子是蔡總看到代理賺錢後的第一項投資,因為房子會增值。
- 為了開拓高淨資產圈子,開始學習如何做信托保單。
- 利用人壽保險做財務傳承,打破華人對富不過三代的咒語。
- 時常受邀到全馬各地做信托保單的分享。

等所有交通燈轉綠後才開車，永遠離不開家門；等萬事具備後才開始行動，等於等死。

「我們是生意人」

從事保險15年，一切要從一場講座會說起。我總是在我的分享演講裏面說「一場創業講座會改變人生跑道」，我記得讓我印象最深刻的是當時的主講人說過的一句話：有沒有想過退休要用五十萬？你知不知道打工月賺三千等於不用退休？吃飯錢怎麼算？以每頓十元、每天吃三頓計算，每年單單用在吃就需要一萬九百五十元，假設55歲退休，活到75歲，還要活二十年，加上通貨膨脹要五十萬才夠。

一言驚醒夢中人，這句話好像一個錘子敲到我的後腦勺，我當時懵了。對哦，我怎麼好像從來都沒有想過這個問題。我是完完全全被說服，要做生意人就必須要有生意人的思維，於是，我就複製了同樣的說法開始了我的保險「生意」。憑這一句話，就讓我做了十次MDRT。

很多人會對兩種朋友避之則吉，第一種是賣保險的，第二種是做傳銷的。賣保險人有一個慣性，就是會一直死纏爛打，一般上不會從客戶的需要出發，而做傳銷人的會則會窮追不捨地推銷自己傳銷公司的

產品。從事保險業之前,我是賣花梨木的,那個時候的我,對保險很抗拒,我可以買,但是卻不願意賣。

眼見朋友從公寓搬到排屋,從開國產車Proton換去Honda,我開始懷疑自己的能力不差,但是為什麼後來的差別卻距離這麼多?後來,一次偶然的機會參加蔡總的「創業講座會」,他一句話也沒有提到保險,都是講生活相關的事情、儲蓄的重要性,我覺得他說的很有道理。兩星期後參加了精鷹大集會(Meeting of Eagles),會議的後半部有一對一的比賽,當時我被朋友推去參加比賽。十五年前的我還在打工賺三千馬幣的薪金,但是愛拼的性格卻敢敢挑戰五百馬幣的比賽,那可是我六分之一的月薪啊。

接受了挑戰,騎虎難下唯有硬著頭皮請求媽媽介紹朋友讓我為他們講解儲蓄。我必須得說,當時的我是非常聰明的,我用自己的車載媽媽的朋友去吃晚餐,那她就不可以跑了。回來講解儲蓄,媽媽的朋友說要考慮,但是我卻跟她說:「什麼時候都可以等,但是現在不行,因為明天就是死期了」。結果對方馬上就答應了,一單就賺了4千多。

在權衡考量下,我發現保險是一門生意,而且賺錢速度比較快,於是我搪塞了一個借口辭職,說是回去幫父母。之後短短的三個月我就達到了MDRT,第二年也是三個月內就達到MDRT的目標。說真的,公司晚宴的時候,如果身上沒有MDRT的彩帶就會被問,那種壓力是很大的。我記得蔡總在談MDRT的時候曾經說過:第一年是幸運的,第二年是實力的,第三年就成為習慣了。

12歲那年,我被送去檳城讀寄宿學校,所以自小學習獨立和跟別人相處。當時是覺得痛苦的,因為沒法跟家人一起住,但是現在回想起

來反而覺得很感恩，因為從小就學習獨立、做決定和跟別人相處。也許是因為這樣的緣故，我打從入行至今都是聽話照做的人，蔡總說一，我不敢說二。

MMTS的名言是「聽話照做」，但是真正的「聽話照做」是很難做得到的，因為大家都是成年人，都有自己的思想，所以不是全部人都能乖乖聽話。然而，還是有人能夠遵守，我稱這些為「聰明人」。

我是因為知道自己的不足才會加入MMTS，親眼見證蔡總如何培養成功的人，我很想。以前開Toyota Altis，每月供車一千七百元，後來蔡總叫我換BMW，首期五萬，每月供三千七百元，蔡總說一，我不敢說二，於是乖乖聽話照做，雖然嘴上說好，但是卻已經汗流浹背了。

作為一個生意人，人靠衣裝，華人尤其注重家庭，所以總是以買家作為大前提，但蔡總說客戶不可能去我的家，但是卻很有機會坐上我的車，所以，我也信服了。買了新車，被「老虎」追了，所以唯有拼命往前衝。我看過蔡總判斷很多人，覺得是95%準確，所以我相信他看我的眼光，如果他覺得我行，我就是行的。

花梨木乃獨立、效率的推動者

經營保險這門生意之前，我的職業是銷售花梨木家具，工作需要常常出國，就連假日也需要上班，所以平時要跟母親見上一面也很難。人家說的「食得鹹魚抵得渴」，出來社會謀生，認真工作是應該的。

花梨木家具的殷老闆屬於支配型（Dominance）老闆，她也是訓練我變得獨立、工作效率高的推動者。遇到一位只看報告的老闆是一種福氣，真正因為這樣，我從她身上學習了很多，每年的目標和支出預

算及其他雜七雜八的規劃和報表都由我一手包辦不在話下，甚至是櫥窗設計我也扛上了。

不計較、多做多學的性格曾經讓許多人誤會這花梨木家具的生意是我的。其實，我只是秉持著不斷學習、持續成長的念頭，反正學到的知識是自己的，更何況，認真做事老闆會看到，對於好的員工，我相信老闆不會吝嗇酬勞和獎勵。所以，在那段銷售花梨木家具的日子裏，我拼盡全力、不埋怨、不辭勞苦到處飛，不推辭任何工作，即便不是我的分內差事我也樂意扛起。我雖然只是幫別人打工，但是心態上，我早已把自己當老闆。

當時用「把自己當老闆」的想法幫別人打工，萬沒有想到要自己當老闆、經營自己的生意，就算是以我自己的老本行創業，做回花梨木家具的話，本錢太高了，所以，我一直也沒有去想這個問題。其實，說是把自己當老闆，那只是心態上的自我調整。

要當老闆，就要有老闆的心態，如果要學習管理的工作，站在管理者的角度去看待事物，那就必須調整好心態，否則，打工仔的心態是無法認真掌握這門學問的。蔡總的管理課程曾經說過，每個人都有不一樣的性格和心態，所以懂得人性很重要，運用在管理方面也比較得心應手。

說實在的，多少打工族願意把老闆的生意當成是自己的？敷衍的打工心態除了能帶來每個月的薪水之外，還有什麼？其實，每一個人在生命中的每一個階段都有學習的機會，只是更多的人選擇了隨意，生怕多做了就是虧給了老闆。

我在想，如果當初我在打工的時候也是抱著這樣的心態，到我自己開始經營自己的生意的時候，變相是要從頭開始學起，時間成本和代價的計算方法就完全不一樣了。

　　在幫股老闆經營和管理花梨木家具生意讓我掙足了經驗，三十四歲才加入保險界，雖然起步不算早，但是，我的根基是厚實的，一理通百理明，在打工時累積的經驗對我的保險事業有很大的幫助，我只是把學到的搬過來就能用了。

　　以前打工的時候，出差去過許多國家、見識各種風土人情、學習了經商之道，所以，基本上我是在開始自己的生意之前，以別人的生意作為一個練習場，在經營自己的生意的時候早已經不是菜鳥了。

　　我曾經把花梨木家具和保險之間作聯想，我發現只要商品是自己認同的，就一定能夠賣，否則講來講去都講不到那個味道，又怎麼能說服客戶掏腰包呢？

　　一個人能做多少、學多少，不是能不能的問題，而是，要不要。

物質太豐盛，造成增員難關

　　要在保險界坐穩、做大，持續增員（recruitment）是一大關鍵，也是許多組織面對的大難關。

　　增員之所以困難，就難在於現今的社會物質太豐盛，年輕一代看似沒有任何生活壓力，更別說舊時代一家之主為口奔馳的迫切性。現在的90後比較幸福，以前的人畢業出來工作就需要拿錢回家養家養孩子，但是現在時代改變了，90後不單沒有餓肚子的情況，即便自己吃不飽，還有家人隨時給予支持。不急、不需要、選擇多、可以先玩夠了才慢

慢選喜歡的工作、老子有錢，這些就是年輕人的心聲，對於他們來說，工作和事業有沒有都不重要，反正日子過得美美的，口袋裏有錢，需要換手機跟父母說一聲就有了，那還有什麼好煩惱的？

時代不一樣了，這是不爭的事實。以前，一年只能買一次新衣服，那是過新年才能享受的大事，但是現在每天都可以買衣服，就是因為物質太豐盛，就算90後孩子們有再多的慾望，父母也會鼓勵別太辛苦，某程度上，父母對孩子們的溺愛加重了各行各業增員的難度，保險界也不例外。

大多數的90後因為從小接觸手機，造成他們寧願對著手機也不願意跟人接觸，造成綜合能力水平的落差，導致團隊增員傾向比較有經驗的人。但是，三十多歲有工作經驗的人基本上有一定的生活負擔，有的也已經成家，所以，在考慮轉換工作的時候，開出的首要條件是必須要有底薪，而保險界是個多勞多得的行業，酬勞不設上限，唯一的是沒有提供底薪，這樣的制度在增員方面增加了難度，形成高不成低不就的局面。有些人願意破釜沈舟放手一搏，覺得在多勞多得的大前提下只要肯做、肯拼，還是有希望的，然而，有這樣的想法的人只是少數。

無可否認，90後在增員這一塊的確是一塊鐵板，我並不是覺得他們不好，而是生活過得太好也不是他們的錯。從另一個角度去看，90後的優點是朋友多，與其把他們視為一塊鐵板，其實，他們也可以是一匹絲綢，若能掰開一角，輕輕一拉就能把絲綢撕開，而90後就是一匹等待被撕開的絲綢。一旦進入了他們的圈子，他們就能夠引進更多朋友一起來。

和推銷保單一樣，增員也是一個「推銷」的過程。在新成員還未成

為團隊成員的時候，視乎我們以什麼方式讓他們接受並加入，組員/員工都是生意裏的「內部客戶」，所以，推銷保單的那一套也可運用在增員上，因為兩者之間是相通的。

我不擔心遇上90後，因為我的性格好玩，所以可以很容易地跟年輕人玩起來。當你把自己放在跟他們對等的位置上相處，自然而然能聽到他們的心聲、了解他們的需求，所以我也在能夠配合的範圍內盡量配合，譬如提供底薪，這樣就能夠破解增員的僵局，壯大組織也比較容易。

增員要看雙方的需求，也要看時機。每個人都需要工作，需要入息，如果領著每月三千的薪金過日子，那是不可能在退休年齡儲蓄足夠的退休金的，到時候，老了才發現錢不夠用就為時已晚，只能賣報紙、做保安。

我記得，大學畢業的妹妹剛生完孩子需要時間照顧孩子，於是我就帶妹妹入行。用「表演」的方式讓妹妹信服「賣儲蓄」的概念和重要性，當場就成交，就這麼簡單而已。這樣的一個機會對於妹妹而言是她真正需要的，彈性的工作時間、無上限的酬勞、可以自由分配時間兼顧家庭和孩子，然而對我來說，只不過是舉手之勞為妹妹提供一個機會，就像是我們常常說的，把好東西「帶挈」給家人，何樂而不為呢？

學會提問，很重要

隨著保險越來越普及，客戶對保險已經相當熟悉，接受程度也相對提高了，也了解自己需要什麼類型的保險，而且，現在的客戶需要的東西跟以前不一樣了，也就是說，勞力的時代已經過了，現在更注重

的,是腦力。

幾乎所有的人都已經有保單在身上,那也就意味著這些人都有代理在服務和照顧他們的需要。那麼,是不是就沒有可以攻破的縫隙呢?有!你嘗試隨便找個保險代理問問看:現在保險界最火紅的商品是什麼?我敢寫包單,十之八九沒辦法給你正確的答案,這就證明在行內真正貼緊行業脈搏的代理,只佔少數。如果你就是其中一位,那麼,你就比別人更具競爭優勢。

那麼,現在保險界最火紅的商品是什麼?

信托。

是的。保險強調的是保障,而信托的作用則是確保你能把錢留給孩子們。信托是把保單轉移去信托公司,由信托公司管理,杜絕被騙、被濫用的可能性,當受托人不幸離世之後,則由信托公司發出支付予受益人。

這裏,我舉兩個例子,讓大家更容易明白信托的重要性:

1. 客戶去世時孩子15歲,把錢委托了給阿姨,結果3年後錢還是在阿姨手裏。那15歲的孩子怎麼辦?
2. 需要特別照顧的財產繼承人,在客戶車禍之後如何確保財產繼承人能夠得到所需的特別照料?

沒有做好信托的客戶,在去世之後,財產會被凍結,那就是說,再多的錢放在銀行也沒有用。財產凍結意味著有錢也用不到,也就是說財產繼承人在經濟上會頓時失去依靠,在財產解凍之前,只能自己想

辦法通過其他的經濟來源維持生活。或者，所托非人，財到光棍手，一去不回頭，但是人都死了，你能跟對方追討嗎？這樣的例子不是什麼新鮮事，相信每個人身邊都有三兩樁可以分享。這背後的意義，你看清楚了嗎？

對！人生沒有綵排，所以一切都要安排妥當。

雖然同是提供保障，但是保險和信托的功用卻大不同。保險是在發生事情時對受保人一次過全數發放賠償，信托的作用卻不一樣，尤其是需要在資產上作出安排，比如每年分發多少？分發給誰？所以，除了投保以外，把部分的錢移去信托會得到額外的保障。

搞懂了兩者之間的差別，客戶可能會問：「信托信得過嗎？」。對於這個問題，我的標準回答是：「你的錢放在銀行，銀行信得過嗎？」

有時候，最好的回答，就是在對方的問題上多加一個問題，讓答案不言而喻。

面對客戶，最重要的是掌握提問的技巧。你知道要怎樣提問才能引導客戶說出你想要聽到的回答嗎？如果你不知道引導客戶作答的用意是什麼，那麼，請一起來看看。

我的招牌行銷話術中，常常用到的有以下幾句，而事實上，來來去去也就是簡單的這幾句，基本上誰都可以抄去馬上派上用場。

1.　你什麼時候有定存（FD）到期？
　　　如果有定存快要到期，那還等什麼？

2. 每天三餐，一生要用多少錢？

用計算吃飯錢的方程式在他面前算給他看，相信我，他在心裏也肯定在喊「oh no，需要那麼多？」。

3. 遺產有做信托嗎？

如果回答沒有就簡單，直接到你表演了。如果回答已經做了，那麼，你就需要再多問幾個問題探討他口中所謂的遺產信托的內容是什麼。別懷疑，很多時候客戶回答「做了」，其實，他自己根本不知道「那個」是不是。

4. 我想問你啊，你懂什麼是信托嗎？

一般會聽到的回答是「信托基金」。再問「有沒有寫遺囑」？沒有的話就完蛋了，因為遺產超過馬幣兩百萬，那就得找位擔保人才能執行遺產，否則一出事，全部都會被凍結。另外，從教育角度出發，說信托的重要性。

5. 銀行可以給的，我們都可以，而且更多。

教育客戶把一筆錢放在定存，然後用利息買保險，然後再用保險的錢去創造財富。以前的人總是很看重血汗錢，覺得一點一滴存回來才是財富，這個觀念，是需要重新灌輸了。

想法不一樣，結果就不一樣

蔡總的第一堂課說「我們是生意人」，所以打從一開始，我就認定自己是生意人，做多做少是自己的選擇，盡力去拼，收穫成果，就是這麼簡單。

許多人都說，這個行業能夠讓你美夢成真，這句話是那些拼盡全力去爭取的人的肺腑之言。這個行業很奧妙，當然，如果你只是參與了這個奧妙的行業卻把自己當成是一般的保險從業員，而沒有把它當作事業看待，那格局就肯定不一樣了。

年少時，我完成了許多別的打工族無法完成的事情，比如旅遊、到世界各地去見識不同的風土人情、看世界有多大。所謂讀萬卷書不如行萬里路，千萬別小看這些拓展視野的機會，我就是這麼一步一步走過來才能在今天帶給家人更好的生活。

常聽說，家家都有一本難念的經，其實每個家庭都有各自的問題，而大部分問題的出現都是跟錢有關係的，簡單一點來看的話，如果能多賺點錢減少家裏的問題，那麼，社會的問題也會相對減少。

我常常跟別人說，是獨立的少女時代造就今天的我，我感激母親提供獨立的機會。說起來，我的母親才是複製高手，是因為婆婆在她年少時學習獨立，讓她早早就知道獨立的重要性，所以她才把這個有效的方法用在我的身上，實施複製。我的母親把她母親用在她身上的方式用在我的身上，這就是簡單的「照做」。事實再一次證明，這個方式是成功的。

我明白大家都有自己的想法，所以很難做到「照做」，即便那是已經被證實可行的成功之道。取難捨易，你到底是怎麼想的呢？其實，要

做到你響往的那個境界，真的沒有你想像得那麼難，放棄你那些多餘的「想像」，照做就行了。我能做到的、並且已經做到的，你跟著照做就可以了。

除了改變自己的想法，另一個關鍵就是改變客戶的想法。我在這裏舉一個例子。母親有一位律師朋友，也是她戰友，算是看著我們姐妹長大的前輩，後來，也成了妹妹的客戶。將保險生活化，抓住「反正都要存錢」的心理，引導客戶把錢存在更好的地方。所以，反正也是要存錢，就幹脆存在更好的地方，也把存款轉化成機會提供給妹妹，一舉兩得。改變客戶的想法，你就是他們的貴人；客戶採納你的說法而成交，他們就是你的貴人。

這位律師前輩就是一位貴人，她只要看到我們能成功就會給我們機會，好好審視你的身邊，用你雪亮的雙眼去發掘你的「貴人」。不要放過任何機會，就算是跟大排檔的老闆閒聊，也可以問他有沒有存錢？問他做到退休時能存多少錢？我就曾經遇過這樣的客戶，到後來，我跟他說，錢放在銀行只是暫時寄放而已，但是保險系統能夠精準算好需要的，並且規劃好如何進行。

從檳城到吉隆坡發展，我算是從零開始創業，所幸我有很好的母親、很棒的導師、很貼心的閨蜜朋友。感覺迷茫的時候，我會去拜觀音，讓自己平靜下來，我相信做好事就會得到好報，雖然不知道好報會以什麼形式或什麼時候降臨，即便如此，我還是繼續堅持行善。想法和信念很相似，一切都是心態的問題，有好的想法，好的事情就會呈現在面前。

再幸運的人也會遇到挫折，脾氣再好的人也會有忍不住的時候，我也曾多次遇到無理取鬧的客戶，但是坐上自己的車子，氣就消了。受了忍無可忍的委屈，我也曾直接懟尖酸刻薄的客戶，回敬一番將心比心的話讓客戶自己去反省。保險界是服務行業，但是，你若把自己放在卑微的位置，那只能一直卑躬屈膝。所以，如果你要在這個行業長青不朽，先調整好自己的心態和想法。

「一次又一次地做相同的事情，卻指望有不同結果的人」，愛因斯坦（Albert Einstein）說是有精神病的人才會這樣想。說白了，就是想法不一樣，結果自然就不會一樣。所以，接下來，我也會緊貼著市場的脈搏，好好把自己的團隊打造為信托團隊。信托不像醫藥卡那麼廣為人熟悉，所以，在新鮮度還很高的這個時候，我將會複製同樣的成功方式和概念去創造財富。

生命中的兩位人物

我的人生中有兩位重要人物，我心裏清楚，他們不會害我，第一位是母親，第二位就是蔡總。母親對我的教養之恩，我是一輩子也無法償還的。蔡總有如我的再生父母，我只有不斷地提升自己，在業界裏做出標榜成績才能報答他的知遇之恩。

記得有一次接到蔡總的電話，他讓我到吉隆坡，連辦公室和裝修也幫我找好了，我真的是嚇了一跳。但是，我什麼都沒有多想，隔天就到了吉隆坡。當時我在吉隆坡只有兩位朋友，就這樣有兩位好友貴人扶持，在吉隆坡一路發展到現在。

說起來，以前做花梨木傢俱的時候認識了物流公司的丁老闆也是我的貴人之一，開始的時候商業活動沒那麼多，於是我沒事就在丁老闆那兒待著、閒聊、認識人、賺人脈。承蒙這些人的愛戴和一路扶持，讓我這十五年來在保險界越走越順。

為我的人生帶來最多改變的，是蔡總。因為以前從事花梨木傢俱的時候我也常常出國、出坡也是一個月，所以他才覺得我離開老家到吉隆坡發展絕對不是問題。到後來，蔡總說：做保險可以過日子，但是不能發達，所以投資還是重要的。於是，他又教我投資房產，他說買屋子要買可以升值的，而不僅僅是自己喜歡的。除了做保險賺錢以外，把賺到的錢拿去投資，賺更多、更快。

MMTS是什麼？就是Make Money Training Services。當初對MDRT的概念很模糊，只是跟著蔡總這位人生導師，他講要做所以就做了，到後來才知道這是一個認同。我一直堅持MDRT是要給客戶信心，以行動證明我是很認真看待這個行業。

人生至此，唯一的遺憾就是父親沒有機會看到自己的成功。雖然父親不在了，我還是默默努力，因為我相信父親正在某一個角落會看到我的努力和成功，並為我感到驕傲。

閱 讀 心 得

十九歲便做保險的小夥子

JAMES TAN

CHAPTER 07

- 很坎坷的童年,培養出堅韌的個性,不容易放棄一件在做的事情。
- 超級市場被人招募做保險,那時才十九歲。21歲第一次完成MDRT,
  連續十年,30歲成為終身會員,馬來西亞最年輕的終身會員之一。
- 沒有市場,只好靠陌生拜訪,專去一些工業區,
  因為比較容見到老闆,也是沒有代理來做過市場調查,不會吃閉門羹。
- 優點就是容易認識人,喜歡跟人聊天,找他們吃飯,培養關係。
- 利用幫客戶寫遺囑,當敲門磚,然後再分析給客戶了解需求,
  建議以人壽保障來解決問題。
- 現在38歲,已經完成過十三次的美國百萬圓桌會員,
  積極培養下一代的MDRT會員。
- 開始利用信托去建議客戶做傳承的工作,賣大保障。

好勝的性格會強化
自己的戰鬥能力。

摩托車，創業的夥伴

我在保險界21年，說起來這跟我的家庭背景有莫大的關係。

由於父母離異，我5歲就被迫認清事實，比同齡的孩子懂事、有獨立思維。當時父親在吉隆坡，母親在巴生，我和母親的新家庭生活在一起，但是已經感受不到家的溫暖，更多的是寄人籬下的感覺。儘管如此，沒有家庭溫暖的家還是容納不了我這個外人，我終究還是被母親遺棄了。那一年，我19歲。

與其說是被遺棄，我覺得「被趕出來」更為貼切，雖然這聽起來既殘酷又可憐，但是，我接受了那個事實，並且在離開「家」的同一天為自己的人生做決定。拿著兩個背包在當時的巴生長城百貨公司逗留了8小時，我整理出兩個決定：

1. 放棄人生。
   當時覺得自己年紀輕輕就必須經歷這些，是很慘的一件事。母親的家人不喜歡自己，導致我成了犧牲品。既然我已經被遺棄了，那麼，我放棄自我也是理所當然的。

2. 好好活下去，開心地活下去。

　　生活不生活，倒不如選擇生活；開心不開心，倒不如
　　選擇開心。

　　腦袋裏的魔鬼和天使在搏鬥，我最終選擇了後者。天無絕人之路，就算被遺棄了，只要我不放棄自己，我還是能好好的、開心地活下去。於是，我拿著兩個背包去三姨的家，求三姨收留背包，只要收留我的背包就好，我說我會每天回去換衣服，所以要求三姨幫忙洗衣服讓我可以有乾淨的衣服可以更換。

　　處理好了我唯一的身外物，那兩個背包有他們的棲身之所，而我自己則跑去私人醫院的大堂住了整整7天。我晚上睡在醫院，白天醒來直接在那裏賣醫藥卡，後來因為太張揚而被院長招去問話，之後就直接被趕出來了。被醫院趕出來的我又打回原形，再一次無「家」可歸。後來，求得學校的保安收留我睡在保安室，但是一天就放棄了，因為學生早上7點就來上學，根本沒有多少時間可以好好地睡。睡過了醫院和學校之後，我的下一站選擇，是酒店。不是我突然發財了有能力住酒店，而是，睡在酒店的大堂。要生存就要主動解決難題，嘗試過了之前不能久留在一處的經驗，我學會了生存之道，在酒店跟員工打好交道，住酒店不用付錢，這樣的方式，讓我在酒店安然度過了三個月。那三個月裏，看著酒店裏的人進進出出，每天都有人在活動，這讓我見識了很多人生百態。形形色色的人，做任何職業的都有，我頓時覺得這個世界真是「色香味俱全」，覺得很有趣，覺得人生其實不用太悲觀。

現今回想，那些坎坷的過去造就了我頑強的生命力。每次跟別人說起往事，都會對我報以同情的目光，其實，我之所以能把我的過去說得那麼詳細，是因為我坦然面對，而且，不忘初心。我不知道在溫室中長大應該長成什麼樣子，但是，對於我的背景、過去和經歷，我絲毫不覺得自卑，我只是把那段過程當作是一堂人生的早課。

　　從事保險行業，其實是因為偶然。記得1998年我還在上中五，在一家購物廣場賣購物咭而認識了上司，說是Ambank Group的，其實就是保險。我記得保險上司當時說過一句話：Insurance是guarantee，Assurance是warranty。那個時候的我，搞不懂insurance和assurance的差別，guarantee和warranty之間有什麼不同。人就是這樣，自己不清楚的東西，聽起來好像很難明白的，就認定那是厲害的。於是，我就加入了這個看起來很「厲害」的行業。

　　我最慘痛的經歷是摩托車被偷，一個被遺棄的孩子倒霉到摩托車被偷，求救無門。後來幸好得到上司打救。上司問我為什麼需要摩托車？我說：要來創業。然後就買了一輛二手「老牙」Honda，連油針都沒有，每次汽油用耗了也不知曉，要推著摩托車去油站。

　　以前的我，每天都去學校吃飯，因為馬幣兩元就可以解決吃飯問題，這對沒錢吃飯的我來說簡直就是天堂。在學校這個「天堂」裏，我遇過一位學生小妹妹，當時的我不敢說自己是做保險，只說自己是做銀行的，後來小妹妹問我為什麼不叫他們開銀行戶口，就是這一句話給了我一個啟發，於是便開始在學校推銷，做了八萬的業績，覺得很神奇。我相信柳暗花明又一村，那位小妹妹就是一位來打救我的「天使」。

　　生活最基本的衣、食、住、行，我一件一件處理好，讓自己對得起當初在巴生長城百貨公司那個為自己的未來做決定的小子。這些年過去了，生活漸入佳境，然而，那輛二手「老牙」Honda到現在都還在，它不僅是我的創業夥伴，更是不折不扣的生活戰友，它見證我如何從絕望中崛起，一步一步成長至今。

敢

　　你不做MDRT，你做保險幹嘛？你要做MDRT，你敢嗎？你如果有想要做MDRT的念頭，那麼，我送你十個字：簡單地改變，堅持地執行。

　　保險本身就是一個矛盾，客戶購買的是一樣「用不著或最好用不著」的東西，而我們的責任就是要讓客戶心甘情願去買這樣的一樣東西。那麼，你一定會問，什麼人最容易「買」？有錢人、老闆們。不是說其他人不會買，而是，有錢人和老闆會相對更容易、更大數額。付出同樣的努力，得到更大的回報，這個選擇基本上是沒有爭議性。

　　要記得，有錢人，尤其是老闆都是很寂寞的，也喜歡聽奉承的話，但是他們的成交率幾乎是百分百。公司、工廠都是很好的選擇，但是，要見裏面的人卻不簡單。直接去敲門，直接見老闆都是要面對許多挑戰，你敢嗎？

　　我曾經在工廠敲門的時候吃過不少閉門羹，但同時學到竅門。下次你去敲門的時候可以試試直接跟守門的說要跟老闆買東西，見到老闆的時候直接說：老闆，我很想提供我們的服務給你，能夠為你服務是我的榮幸。

接觸只是第一步，要長期保持友好的關係才是長遠之計。我有一個拿下馬幣兩千萬現金信託的真實個案，從陌生人到成交，讓我明白建立信任和建立關係很重要。所以，除了直接表態想要為老闆服務以外，接下來要說的是：有什麼需要幫忙的話，直接找我。

在保險界，最忌諱把自己當代理，最好你能成為客戶的一個多功能的「家人」，讓客戶無論面對什麼問題都先想到你，讓他知道只要找你就能解決所有的問題。

我曾經幫客戶在農曆新年的時候找烈酒，因為他要的量比較大，零售商沒有囤那麼多貨。因為我本身不喝酒，對烈酒也不熟，就從沒有資源到銜接供應商，到後來烈酒的供應商也成了我的客戶。我不僅能夠幫客戶找到便宜的酒，在為客戶提供額外服務的同時，也為自己創造了機會。在保險界裏，只要你敢，基本上沒有什麼所謂的難關。只要敢做、敢嘗試，到處都是機會。

多經營一些像「家人」一樣的客戶，他們可能隨時都能為你解決燃眉之急；如完成MDRT的目標。那麼，這樣的「家人」，要有多少才算多？我身邊就有40位這樣的「家人」，當然，數量是一個關鍵，但是必須是你可以同時兼顧的量，否則，數量的增加抵消了你的服務品質，只怕是得不償失。

我在20歲的時候買了一輛Kancil，第一件事便是查看油針（之前的二手「老牙」Honda沒有油針，讓我吃了不少苦頭），其次便是收音機、冷氣、雨刷，每一樣都一遍一遍地測試確認，那種第一次擁有一輛車的感覺很不一樣。

　　21歲那一年，我第一次做MDRT，業績超過馬幣40萬，我立刻把Kancil賣掉，換了一輛Toyota Altis，很多人都覺得我膽子太大了；但是，與其一步一步來，我選擇了翻5步，敢敢買。2004年，我換了一部寶馬，我還是說了那句「敢敢買」。

　　我第一年當上MDRT被認為是幸運，但是自此之後連續10年MDRT沒斷過，也成了全馬最年輕的Lifetime MDRT（百萬圓桌終身會員），那一年，我30歲。

　　現在的年輕人很多都是沒有吃過苦，生長在科技發達的年代，對著電話就可以賺錢了，有些很早就輟學，沒有高學歷，但是他們「敢」，所以三十幾歲就有不錯的成就。我三十歲就有一點成就，也是因為「敢」。說真的，我SPM成績一般，也沒有什麼過人之處，但是在保險界，全看你有沒有敢拼搏的精神，學歷並不是最重要的。當初開始的時候也不知道自己為什麼要做保險，只是知道保險可以給到很好的收入，讓我夢想成真。

　　保險的收入無止境，一切都是自己的選擇。它帶給我沒有嘗試過的東西，給我一個追求的目標。我喜歡車，不斷升級的車子就像是我的成績單，犒賞自己越做越好。23歲那一年，我買了3-Series，後來換去5-Series，再升級去S-Class，再到GTR。最近，我又添置了一輛Mini Cooper，我從小就覺得Mini Cooper很可愛，所以能力所及的時候想要懷緬年少時的念想，不忘本。

別敗給一個「等」字

大多數的人一生都敗給了一個「等」字。等合適的時機才開始、等遇到好的上司才加入、等推出新的商品才去找客戶、等公司的活動、等上司給指示、等上司帶動、等上司帶出去做生意，這個世界上，沒有好的業績是「等」出來的，再等下去，機會都溜走了。

我的方法是「不等」，我習慣主動出擊，因為只有主動才能掌握先發優勢。所以，無論是什麼商品我都第一時間爭取推薦給客戶。我不會浪費時間去核實到底這個商品有多好，因為公司能推出一定有原因，與其浪費時間去再三研究，倒不如省略細節化的東西，拿了商品就第一時間往外衝，務必搶先佔領市場。尤其保險是服務行業，更加不能等，永遠都是我們主動去找客戶，沒有等客戶來找你這回事。

如果說我在人生中「等」到了一個幸運機遇，那便是我的第一位貴人老闆Tan Sri Azman Hashim，AmBank的創辦人（大馬金融集團）。他有華人的思維，也曾經捐建華小，是一位令人敬佩的領導。911事件，他在保險界展示了駱駝在沙漠也能生存的能量，Arab Malaysia並購MBF，911事件後為免被誤會是中東的公司，於是請了華人顧問團隊打造了Ambank Group，公司標誌採用紅黃色，專攻華人市場，甚至過年紅包也不忌諱敏感生肖的紅包袋，風水之類的東西。我在他身上學到的除了營商之道，還有把握時機和當機立斷。

保險是看不到、摸不到、感覺不到的東西，而且，都是投保人自己沒辦法或很少「用到」的，那麼，怎樣讓客戶了解投保的迫切性？我有一個樓梯的故事，萬試萬靈。香港組屋的樓梯都是需要給管理費的，如果沒付管理費的話，樓梯的門就會鎖上。平日裏，沒有人會有事沒事跑去

看後樓梯，但是，萬一發生什麼事，那條樓梯就是救命的關鍵了。這條後樓梯，便是保險。保險從業員的責任就是要主動出擊，說服客戶、說到痛點、說到他認同為止。如果你等客戶哪天睡醒覺得自己需要投保而打電話約你見面，那麼，是你想多了，這件事會發生的機率幾乎是零。

三十歲作出讓人刮目相看的成績，絕對不是天掉下來的，更不是「等」回來的，老套一點的說法，我可是白手起家的。19歲入行，一路走來磕磕碰碰，如果我不主動，就等於是坐以待斃。我沒有「等」的本錢，所以我拼命去做，希望能用最短的時間改善自己的生活與不幸，結果有目共睹。

我憑借自己的能力幫助自己重新站起來，擺脫困苦，我為自己的成績感到驕傲。過去二十年，我出國旅遊無數次，而且幾乎都是不用自己掏腰包付錢的，看在同齡人眼裏是羨慕得不得了。記得五歲那年我的不幸嗎？當時，我的同齡朋友的美滿家庭也曾讓我羨慕得不得了，而今，我為自己的人生逆襲翻盤，早年的淒苦只是我歷史中的事跡。

條件差，也可以是成功的利器

憑著只有SPM的資格創造了十三次MDRT的記錄，我把這項成就形容為「學歷差、環境差、但是感謝母親賜予我的一個能力」。這裏所提及的「能力」，就是一個苦不堪言的童年。

別誤會，這句話絕對不是反話，不是在諷刺我的母親，更不是要幽自己一默，而是，一個吃過苦的孩子的肺腑之言。

可以想像一個年輕人睡樓梯反思八個小時，讓痛苦和折磨促進思考，從而找方法自救，讓自己能繼續生存下去嗎？可以想像被家人遺

棄之後跑到醫院偷偷睡了兩週，為的只是有方便的廁所、有冷氣、有瓦遮頭；當然，最重要的是醫院就是我的主攻市場，近水樓台。可以想像無家可歸而被迫睡在學校的保安室嗎？保安室是可以長久居住的地方嗎？從醫院和學校逃命出來之後在酒店睡了三個月，之後直接搬到公司去睡了長達六個月的時間。這些聽起來只會出現在電視劇的情節，非常不客氣的全都落在我的身上了，而我不僅沒有被這些厄運壓垮，更憑自己的想法和行動撐過來。那時候的我，條件差嗎？可說是糟糕透頂了，換做是其他人，也未必能扛得住，恐怕早就誤入歧途了。

很多人說過，人生掉到谷底，自然就會反彈，問題是，哪裏才是谷底？還是到了低處還有沒有更低處？1998年創業保險是最辛苦的開始，沒錢、沒方向、沒辦法、沒人脈、沒市場，不想辦法突出重圍的話連飯都沒得吃，我的人生應該就可以宣告「沒了」。我想，我還是命不該絕的。記得之前我提過在學校遇到一位小妹妹給我的啟發嗎？從那個時候開始，我發現人與人之間的面談並不是一件艱難的事，沒有市場就找市場，那麼，市場在哪裏？有人的地方就是市場，人脈就是這樣一點一滴慢慢累積而來的。

當一個人的迷惑解除了，找到方向就能動起來，錢，只是一切決定和行動的結果。今日回首，我應該感謝那個每天都到學校去吃兩塊錢午餐的自己，是我的窮困讓我有機會遇上那位小妹妹，我的人生才有了轉機。

生活上，有一些事是我們掌控之外的，天要下雨，那也是不得已的事，但是，許多後續的故事都是我們自己能夠改變的，如果當下就放棄了，那就是一輩子了。記得有一次，我開著摩托車在交通燈前巧遇朋友

和初戀情人，他倆坐在汽車裏，但是我卻皮包鐵地騎著摩托車，我頓時覺得老天爺跟自己開的玩笑太大了，我該怎麼面對他們，該怎麼面對自己呢？避無可避，我還是鼓起勇氣面對了朋友，也面對了自己。

我的遭遇讓我沒有足夠自信的底氣，但是，我把我的劣勢轉化為動力，讓自己有誠實勇敢的面對自己的底氣。成功最好的推動者不是快樂，而是痛苦，這是我最真切的體會。如果你的機遇與我雷同，那麼，請你一定不要放棄自己，相信我，再大的鴻溝也能跨越，證明給那些輕視你的人看：十年前你們看我不起，十年後你們看你自己。

三條捷徑

經過了這麼多，我相信成功非偶然，那都是一番苦功的結果。總結我過往的苦功，若要跨越沒人脈、沒銷售經驗、沒市場、不知如何開始的困局，有三條可行的捷徑：

1. 自己來
2. 走捷徑
3. 企圖心/動機

行銷的方式有很多，陌生電訪（Cold-call）、陌生拜訪、擺攤位、轉介紹、路演、找生意人、參加社團平台，這些都是同行都在做的，但是，卻不是所有人都能做得好，當中有些人做得好是因為有動機，有企圖心，懂得走捷徑，萬事親力親為，而不是盲目跟風，或是抱著隨便做的心態。如果你沒有用心去做，倒不如回家睡覺，不要浪費自己的時間。

怎樣運用3條捷徑為自己贏得機會呢?

以展銷攤位為例,一般人是怎樣做展銷攤位的?一個小小的空間,一張桌子,幾張椅子,幾個人站在那裏拉客戶,對不對?你有沒有發現到有些人站在桌子後面,有些人站在桌子前面,有的甚至站在攤位外面或四處走動去主動拉客戶?光是看站位就知道哪個代理比較有企圖心、有動機。沒有這項特質的人大多數會站在桌子後面,甚至坐著,這種代理是等機會上門的,但是,「等」是很被動的。

其次,怎樣走捷徑?你有沒有想過在擺攤位之前先向主辦單位要參展商的名單?當其他人等待著「開檔」的時候,你早已掌握了一個名單,先人一步。至於自己來,這是不用教的。如果你以為可以讓同伴把銷售線索(lead)分一些給你的話,那麼,你還是先做好失望的打算吧。同行如敵國,難道你沒有聽過嗎?

除了三條捷徑,成功訣竅的關鍵不可或缺的是每天的功課,所謂功課,就是每天必須做的事,根據個人的時間分配的需求,找到適合自己的方式,但是,不是讓你隨意到睡到自然醒再看看當天要做什麼,那不是適合的方式,而是放肆。

我自己的竅訣是一天見三個人,早上一定要開早會,儲存足夠的正能量約客戶吃飯、吹水,我的生活基本上就是在重複做這些事,已經形成一種形態。保險算是自由行業,時間彈性,沒有人會用微觀管理盯著你,所以,很容易破壞自律。建議跟購物中心開門營業的概念,要時刻處於「營業中」的狀態,這樣才能隨時準備好為客戶提供服務。

我的實戰策略：

建議一：講出你的故事，告訴客戶你要做這行業的原因和理念。

不是叫你說自己有多辛苦，而是說加入保險界是要一展抱負，讓客戶知道是跟對人買。在保險界發展，證明自己是選對了行業。「我的環境很差，但是我沒有跟人借錢，反而靠自己的努力在保險界立足」。說話的時候要誠懇，表達的方式要合適，否則很難說服人。

建議二：讓客戶難以拒絕你，讓客戶了解保險不是買賣而是一種選擇，讓客戶感受到你的熱忱。

講的時候不是在賣商品，不是要賣東西給他，而是讓他知道這個商品能幫他解決什麼問題，而且是值得的，有事有賠償，有事的時候是一把救命鑰匙，沒事也還可以拿回錢，讓客戶自己覺得這個很重要，讓客戶自己做出選擇。其實，是你為他鋪好一條路讓他作出你想要他決定的選擇。

建議三：客戶很想買保障或儲蓄保單，但不想出事。

適當地引用香港的樓梯故事，提醒他有些事情不能等，因為如果發生了不幸，一切都太遲了。

現在的新人跟以前的不一樣，以前的保險公司不給底薪，現在有些已經開始給底薪了。因為大環境的轉變，但是，勸諭新人千萬不要因為底薪而投入保險界，而是要很明確地知道這個行業能為你帶來什麼。

我們以前都是鼓勵代理去拼，但是現在不一樣了，現在是拼速度和知識的時代，以前如果是一天見兩個客戶的話，現在就要見五個了。要賺得比別人多的話就要做得比別人多，這是亙古不變的道理，沒有捷徑可以走。

「執生」哲學

人的潛能是無限的，這句話，我在十九歲那一年從自己身上印證。這也是我常常分享的一個皮包不見掉的故事。錢包掉了，向路人借十六元車費卻不得要領，後來，我換了一個方式，向每個人借一塊錢，結果超額完成。這件事帶給我最大的啟發是，主動去跟別人溝通，別害怕跟別人要求，方法很重要也要策略去配合。

以前，單單跟客戶講保險是容易被接受的，但是保險界正處於轉型期，以前的那一套並不足夠，所以必須與時並進，比別人先走一步，主動執行，再複製給團隊。比如通過遺囑簽保單，以重新包裝的銷售工具出發。只是，做遺囑需要專業知識，需要寫，寫錯是很嚴重的失誤，影響很深遠，所以不是每個代理都能夠做。認識了蔡總之後了解了現金信托，開發市場也比較順。

2018年通過臉書聯繫蔡總，這之前一直有留意他，因為覺得他講的東西跟別的講師講的不一樣，他沒有講激勵、沒有講道理，而是直接告訴簡單容易明白和使用的方法，基本上聽了就可以直接用。蔡總給的是一個新的趨勢，讓我有很大的啟發，讓我想要在原有的基礎上再創新。我要學習的不僅僅是蔡總的方法，而是他的思維，然後在他的思維基礎上創造自己的概念。

我跟蔡總的關係就好像葉問和李小龍，蔡總是一位非常棒的人生導師，也是一位很好的聆聽者。我敬佩蔡總，覺得他是個時尚達人，跟著時代的改變去做出調整，他可以很準確地抓住時代的脈搏，而不是一本書讀到老。

改變是唯一不變的定律，關鍵是我們怎樣才能適時作出合適的應對。說真的，我感謝母親讓我在辛苦的過程中學會「執生」、學習自己成長，是環境改變了我的思維，讓我變得堅強和獨立。

我的堅強和獨立沒有機會展示給母親，但是，卻用在了父親身上。2002年，父親在KL跌倒住院整整三個月，我每天都煮粥送去醫院給他，三個月之後也被醫院趕出來了，於是我把父親安頓在三姨家，但是寄人籬下真的很不方便，所以跟三姨承諾三個月就搬走。

在我艱難的時候，得到三姨林秀玉的幫忙，我心存感恩、永記於心。其實，當時三姨要撫養八個孩子，她還願意伸出援手，實在是難得。除了感恩，我在三姨身上領略到了一個道理，三姨撫養八個孩子都那麼堅強，那麼，我還有什麼理由自怨自艾呢？

父親發生事情之後，我曾經責怪自己為什麼換了Toyota Altis而沒有選擇買一間家與父親同住，因為我完全沒有想到父親會發生意外，於是，我當時就定下了一個目標要在三個月內存六萬買一間屋子，結果我真的做到了。

我不覺得照顧父親是一種負累，反而，我很享受照顧父親的過程，因為父親只有一個，跟父親同住的日子裏，我出門工作之前先載父親去見朋友聊天，下班回家再帶他回家。父親了解我的工作，有一次他在報紙上看到我的MDRT的照片，偷偷躲起來哭。我努力生活，沒有令父

親失望，唯一的遺憾是計劃好要帶父親去上海旅遊，但是出發前父親卻中風去世了，這是我這一輩都無法彌補的遺憾。

我特別喜歡蝙蝠俠，覺得Christian　Bale的際遇和心路歷程跟自己很像，雖然沒有像蝙蝠俠那樣的財力和能力，但是還是懷著使命感和策略打敗很多壞人，他是激勵我活得越來越強的榜樣。我今年才38歲，還很年輕，我要走的路還很長，這一路堅持走下去，我期待成為公司的冠軍。我不停地跟自己比較，因為只有贏過自己才能到外面跟別人比較，否則，一切都是多餘的。

1998 创业保险最辛苦的开始

没钱，没人脉，没市场

閱 讀 心 得

閱 讀 心 得

閱 讀 心 得

閱 讀 心 得

閱 讀 心 得

認清事實，
你的選擇決定你的結果！

來做這個測驗吧！看看你是否有前瞻性的思維。
每個問題只能選一個答案。

1. 你是以什麼心態做保險？

A. 企業家　　　　　　B. 專業人士

C. 社會工作者　　　　D. 不重要

2. 你認為會離開保險界的代理，主要的因素是:

A. 財務獨立了　　　　　　B. 賺不到錢

C. 跟組織或主管不和　　　D. 不適合這個行業

3. 如果專注賣一個月保費港幣400元的保單，
你覺得有可能賺取足夠的收入給家人過舒適的生活嗎？

A. 有可能　　B. 要做到老

C. 不知道　　D. 不可能

4. 你覺得未來的保險市場:

A. 飽和，越來越難做　　　B. 不會改變

C. 不知道　　　　　　　　D. 轉型成為財富管理

5. 你對發展保險組織有何看法？

A. 專注完成MDRT就好　　B. 專注發展組織就好

C. A 和 B 同時做　　　　D. 走一步看一步

6. 你覺得哪些因素對保險從業員的業績好壞影響最大？

A. 積極思考，學習態度好，專業，愛心

B. 守紀律，服務好，專業形象，客戶至上

C. 聽話，尊重上司，隨和，跟隨公司的大方向

D. 知道自己要什麼，市場區隔，會做人，敢要求

7. 哪一個順序比較正確？

A. 做人 > 獲得信任 > 軟技巧　　　　B. 獲得信任 > 軟技巧 > 做人

C. 軟技巧 > 獲得信任 > 做人　　　　D. 都一樣

8. 做大保單的重點是：

A. 知識很重要　　　B. 公司很重要

C. 人脈很重要　　　D. 以上皆重要

9. 做件數很多又完成不了MDRT的代理主要是因為：

A. 不夠努力　　　B. 能力不足

C. 跟錯上司　　　D. 沒有開發中上市場

10. 多元化銷售的好處包括：

i. 增加收入

ii. 比較專業

iii. 比較容易開拓新市場

A. (i) 和(ii)　　　B. (i) 和(iii)

C. (ii) 和(iii)　　　D. 以上皆是

*分析結果請看下頁

評分量表

No	1	2	3	4	5	6	7	8	9	10
A	4	1	2	3	3	2	4	2	1	2
B	3	4	3	2	2	3	3	1	2	4
C	2	2	1	1	4	1	2	4	3	1
D	1	3	4	4	1	4	1	3	4	3

26分或以上 – 你是保險界未來的明星。

17分至25分 – 你從天光做到天黑也只能買Toyota的車，

駕十年才換。

16分或以下 – 你還是早點離開保險界吧！

你在怕什麼？

CHANGE・PART ❷

《做MDRT你不能不知道的十件事3》

口　　述：蔡明敏
企劃撰稿：賴芊翠
出 品 人：蔡明敏
出版統籌：黃貝儀
設　　計：鄭斯鍏
攝　　影：梁重威

出品機構：MMTS Asia Limited
出品機構地址：香港尖沙咀廣東道30號新港中心第二座1102室
編　　輯：何　故 (繁體中文版)
責任編輯：饒沛怡 (繁體中文版)

出版：悅文堂
地址：香港 柴灣 康民街2號 康民工業中心1404 室
電郵：joyfulwordspub@gmail.com

發行：香港聯合書刊物流有限公司
地址：香港 新界 大埔 汀麗路36號 中華商務印刷大廈 3 字樓
電話：(852) 2150-2100

印刷：大一數碼印刷有限公司
電郵：sales@elite.com.hk

圖書分類：人文史地 / 勵志 / 商管
初版日期：2020年7月
ISBN：978-988-74363-7-9
定價：港幣 128 元

編輯及出版社已盡力確保所刊載的資料及數據正確無誤，資料及數據僅供參考用途。

此書籍僅旨在「地區」銷售，「公司名稱」並不能詮釋在「地區」提供、出售或遊說購買任何保險產品。「公司名稱」不會在該司法管轄區提供或出售保險產品或意見。